U0208437

PANDA GUIDE

熊猫指南
知食四季

毛 峰 马 祎 / 著

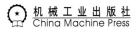
机械工业出版社
China Machine Press

图书在版编目（CIP）数据

熊猫指南　知食四季 / 毛峰，马袆著 . 一北京：机械工业出版社，2019.3（2019.4重印）

ISBN 978-7-111-62176-8

I. 熊… 　II. ①毛… 　②马… 　III. 农产品 – 品种 – 介绍 – 中国 　IV. S329

中国版本图书馆 CIP 数据核字（2019）第 040338 号

熊猫指南　知食四季

出版发行：机械工业出版社（北京市西城区百万庄大街 22 号　邮政编码：100037）	
责任编辑：冯小妹	责任校对：殷　虹
版式设计：罗　曼　祝明昕	图　片：亢晓峰　张东旭
印　　刷：北京文昌阁彩色印刷有限责任公司	版　次：2019 年 4 月第 1 版第 2 次印刷
开　　本：170mm×242mm　1/16	印　张：18.5
书　　号：ISBN 978-7-111-62176-8	定　价：128.00 元

凡购本书，如有缺页、倒页、脱页，由本社发行部调换

客服热线：（010）68995261　88361066 投稿热线：（010）88379007

购书热线：（010）68326294 读者信箱：hzjg@hzbook.com

版权所有 • 侵权必究

封底无防伪标均为盗版

本书法律顾问：北京大成律师事务所　韩光 / 邹晓东

序

时间是最真实的记录者，

也是最伟大的书写者。

2018 年是中国改革开放 40 周年，

40 年来，中国人以敢闯敢干的勇气，

和自我革新的担当，

闯出了一条新路、好路，

实现了从"赶上时代"到"引领时代"的伟大跨越。

这 40 年，中国农业也发生了巨大变化，

全国粮食总产量接连跨上新台阶，

确保了国家粮食安全，吃不饱饭彻底成为历史。

这 40 年，消费者从关注食品安全，

慢慢转向追求食材品质，

这也成为熊猫指南诞生的契机和坚持的动力。

今天，熊猫指南团队累计 85 万公里的寻找，

只为告诉消费者，

中国好的食材在哪里，为什么好，

让好东西为人所知，让好东西为人所信。

今天，熊猫指南 2019 年春季榜单揭开面纱，

熊猫指南的认证官们将再次出发，

让我们共同见证、共同经历，

中国农业踏入新的里程，

共同期待，

熊猫指南的壮大与成长。

中化农业总裁　覃衡德

2019年2月

前言

什么是世界上最贵的食材？

是俄罗斯黑鱼子酱吗？每公斤 5000 多美元。

是法国黑松露吗？一斤卖到几千欧元。

是拉菲葡萄酒吗？一瓶几万元到十几万元人民币。

是西班牙伊比利亚吃橡果的黑毛猪火腿吗？2 万 ~3 万欧元一条腿。

其实，都不是。

世界上最贵的食材是中国的茶叶，一斤好茶几十万元人民币不算是新闻了，但别忘了，我们不吃茶，我们只喝茶，而且只喝了其中 5%~7% 的成分，剩余的茶叶都倒掉了。

三篇陆羽经，七度卢仝碗。陆羽、卢仝都是唐代的茶叶大家，他们的著作奠定了中国茶文化的千年传承。在中国，历史上写茶的诗歌超过 5000 首，如果说世界上有哪种饮食已经上升到文化的高度，恐怕也是茶叶当道，无出其右者。

在中国，好的食材不止茶叶。中国是荔枝的原产国，我们种了世界上 80% 的荔枝，种植历史 2300 多年，最好吃的荔枝都在中国。我们还种了世界上 50% 的桃树，拥有 3000 年的人工栽培历史，最好吃的桃也在中国。

生活在中国这样历史悠久、文化灿烂、地大物博的美食国度，我们理所当然应该对"吃"的理解更多一些。

熊猫指南是"发现之旅"

中国是世界上地貌变化最大的国家，从上海外滩到珠穆朗玛峰，从漠河北极村到海南热带岛，长江和黄河这两条世界级的大河穿行于高原、平原、沙漠和绿洲之间。在中华大地之上，耕作着无数的匠心农人，孕育着无数的优质农产品，但好东西不一定为人所知，找到它们就成了熊猫指南"真选天赐良物"的初心。中国之大，好东西太多了，缺的是发现它们的眼睛。2018年熊猫指南诞生以来，我们基于2500项数据，行程85万公里，现场调查了500多个地块，做了200多套实验室检测，才发现并证明了这100多款中国优质农产品。

熊猫指南是"证明之旅"

改革开放40年来，中国经济快速发展，工业、互联网、航空航天等各行各业涌现出很多世界级的大公司、新技术和领军者。坦诚地说，唯有农业跑输了大势。

今天，中国人已经解决了吃饱的问题，但怎么才能吃好，如何从"将就"变为"讲究"，消费者有着迫切的需求。每年6万亿元人民币的种植业市场中，无数人在买，无数人在卖，无数人在吃，市场巨大而无序，同时面临着进口货的竞争，什么才是中国的优质农产品，没有标准，没有话语权，没有人相信。

法国人定义了红酒，缔造六大名庄；美国人定义了咖啡，普及咖啡连锁；日本人坚持稻米食味值评价 60 多年，追求精益求精；意大利人创造 EATALY，推广当地美食。我们中国人对于食材的评价在哪里？

熊猫指南希望通过高标准、独立第三方、公益性的评选，通过现场调查和实验室检测相结合，架起消费者和种植者之间沟通的桥梁，通过研发"熊猫风味轮"体系，用中国人自己的方式"定义好吃"，让好东西为人所信。

熊猫指南是"体验之旅"

1978 年中国的 GDP 仅为美国的 6.3%，占世界 GDP 的 1.8%；2017 年中国的 GDP 为美国的 65%，占世界 GDP 的 15%。可以说我们每个人的生活都发生了真真切切的改变。未来 10 年，国人对于美好生活的期待是什么？

如果说一个人平均一天吃一斤食物就够，那么收入提高了，人并不会吃得更多，我们消费升级的不是数量，而是这一斤食物的质量和构成。

演绎马斯洛的需求理论，中国农业正在从量变到质变，消费者的追求首先是安全，其次是品质，然后是营养健康，最高一级是稀有。熊猫指南不仅要找到好东西，让它们为人所知，还要证明好东西，让它们为人所信，更要高声量地广泛宣传好东西，让消费者买得到。为此，熊猫指南公布了上榜企业的联系方式、种植地信息以及它们的主要销售渠道，就是希望大家能够亲口尝到这些天赐良物。

中国发展了，国人富裕了，我们对饮食的要求不再是多，而是好。简单的、优质的、应季的、多样化的食材将成为我们生活的一部分。

我们知道的越多，可能需求越少，但生活的品质已经不一样了。

知食，多好！

熊猫指南 CEO 毛峰

2019 年 2 月 10 日

CONTENTS

春之鲜

第一章 | 春之鲜

3月，在中国大地上，春意不经然就来了。

风不再凛冽，阳光和煦起来。

在北方，柳叶被春风裁出。

在南方，江水被鸭子游暖。

柑橘的季节快要结束了，各式各样水灵灵的新鲜蔬菜和水果准备上市。不知是为了宣告与单调的冬天不同，还是要与迎面的春风抢彩头，春季的水果色彩都特别鲜艳，味道更是鲜美。

北方的樱桃挂满枝头，南方的杨梅膨果转色。

春天的鲜可以尝到了。

"鲜"这个字很有趣，中餐七味"麻辣酸甜苦涩鲜"，西餐六味，缺的就是这个"鲜"字。除了法餐，对于鲜的定义不多。难怪法国有大仲马，中国有苏东坡，都是大文豪加美食家，这两个国家对于美食美味的追求理念更为相近。

中国人对鲜的追求是极致的，我们口中所说的"鲜"，内涵远不止于 fresh 这个英文单词。为了提鲜，中国人想出了各种各样的办法，甚至发明了味精，一种纯粹为了简单提鲜而存在的神奇产品。

漫长的冬走了，春之鲜来得恰逢其时。

资料来源：Revue Horticole.

百果之先

樱桃号称"百果第一枝",除了营养绝佳,果实色泽诱人外,在百果之中,樱桃因上市早,口味和身材好,广受国人喜爱。

随着生鲜电商的发展,一种叫"车厘子"的水果逐渐火了起来,车厘子和樱桃是什么关系呢?它们是同一种水果还是两种不同的水果?

樱桃在植物分类中属于蔷薇科樱桃属植物,常见的种类有欧洲甜樱桃(也就是被大家广泛熟知的车厘子)、中国樱桃。所以说,其实车厘子也是一种樱桃!不过,车厘子和中国樱桃为樱桃属的不同种类。

车厘子之争

车厘子,又称欧洲甜樱桃或大樱桃,按照 cherry 音译翻译成车厘子,呈暗红色,果实硕大、坚实而多汁。车厘子起源于西亚的里海和黑海之间部分地域,包括伊朗西北部和土耳其的部分地区。希腊是欧洲甜樱桃栽培的先驱,大约公元前 1 世纪罗马帝国已开始栽培,后逐步推广扩大,它曾是军团士兵的重要餐食原料。公元 2 ~ 3 世纪大樱桃传到欧洲大陆各地,1629 年英国殖民主义者将其带往美国,随后西班牙的传教士也将大樱桃引入美国的加利福尼亚州。

中国大樱桃（基本可以理解为中国产的车厘子）栽培开始于 19 世纪 70 年代，据《满洲之果树》（1915 年）记载，1871 年美国传教士倪维思引进首批 10 个品种的大樱桃栽于烟台的东南山，从此，中国有了大樱桃。目前广泛栽培的品种包括红灯、美早、早大果、雷尼、布鲁克斯等 20 多个，供应期从春节后开始可持续到七八月份。温棚种植的上市早些，因供应量少，价格更贵，冷棚及露地种植的大樱桃大量上市后价格就会便宜很多，各地因温度、光照等自然环境因素以及品种不同，大樱桃上市时间差异较大。

中国樱桃，也被称为小樱桃，是中国原生品种，已有 3000 多年的栽培历史。河南新安县五头镇马头村有棵 1400 岁的樱桃树（国家一级古树，编号豫 C3947，树龄 1400 年），年产 500 斤樱桃。新安樱桃栽培的文字记载始于东汉，现已经认定的千年樱桃古树 30 株，百年以上樱桃古树有 500 余株。中国樱桃个头比较小，皮薄汁多肉软，味道比较甜美，颜色一般都是浅红色，但供应期短，不易储存及运输，基本在本地市场消费，而且产量也不大，所以市场上广泛销售和被消费者认知的还是车厘子，这也就不难理解为什么大家对樱桃和车厘子概念比较模糊了。

中国大樱桃

考证樱桃

3000 年前的《礼记·月令》中记载："羞以含桃，先荐寝庙"，这里的"含桃"就是樱桃。从西周开始，中国就有樱桃种植的历史，不过当时只是皇家天子敬祭宗庙的高级供品。

据说黄莺特别喜好啄食这种果子，因而名为"莺桃"。据《说文》考证："樱桃，莺鸟所含食，故又名含桃"，后来演读为樱桃。

中国古代的很多文人，都写过和樱桃相关的诗句。唐太宗写过，白居易写过，杜牧、韩愈、李商隐、陆游、郑板桥都写过。

大诗人苏东坡（1037—1101）可能最喜爱樱桃，他的诗《樱桃》这样写道："独绕樱桃树，酒醒喉肺干。莫除枝上露，从向口中传。"他的

词《蝶恋花（佳人）》这样写道："一颗樱桃樊素口。不爱黄金，只爱人长久。"词中引用了中国古人眼中的美女标准："樱桃樊素口，杨柳小蛮腰"，大家想不到吧，樊素和小蛮居然是唐代诗魔白居易（772—846）身边的两位歌姬。

说到这儿，大家明白了吧，樱桃，中国自古有之。

樱桃的营养

市场上对于樱桃的营养有各种各样的说法，不可全信。

樱桃营养丰富，最突出的是铁含量较高，居于水果首位。常食可补充体内铁元素，促进血红蛋白再生，既可防治缺铁性贫血，又可增强体质，健脑益智。不过对于中国人来说，樱桃含铁意义不是太大，因为中餐传统上用铁锅炒菜，中国人还喜欢食用另外一种补铁佳品——枣。

樱桃中含有褪黑素，抗衰老作用明显，是名副其实"美味又美丽"的水果，是美容果。

樱桃含丰富营养物质，有益补充身体能量。樱桃含有丰富的蛋白质，以及钾、钙、磷、铁等矿物质，低热量，高纤维，还有维生素 A、B、C 等，维生素 A 比葡萄高 4 倍，维生素 C 的含量更高。

樱桃含抗氧化营养物质，有缓解痛风、关节炎等功效。最新研究发现，樱桃还含有花色素、花青素、红色素等，这些生物素都有重要的医疗价值。

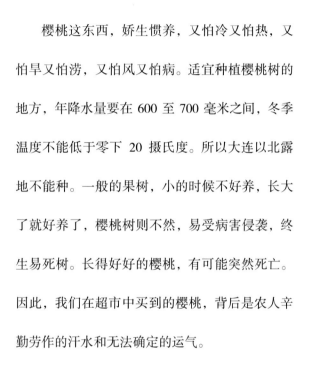

樱桃好吃树难栽

樱桃这东西，娇生惯养，又怕冷又怕热，又怕旱又怕涝，又怕风又怕病。适宜种植樱桃树的地方，年降水量要在 600 至 700 毫米之间，冬季温度不能低于零下 20 摄氏度。所以大连以北露地不能种。一般的果树，小的时候不好养，长大了就好养了，樱桃树则不然，易受病害侵袭，终生易死树。长得好好的樱桃，有可能突然死亡。因此，我们在超市中买到的樱桃，背后是农人辛勤劳作的汗水和无法确定的运气。

文登，隶属于中国山东省威海市，位于山东半岛东部，烟台、威海、青岛三个市的中心区域，因秦始皇东巡"召文人登山"而得名。文登地形复杂，丘陵起伏，是中国温泉之都、长寿之乡和滨海养生小城。50 岁的于子军在文登区大水泊镇后土埠岭村种了 200 亩[⊖]樱桃，品种以美早为主。

⊖ 1 亩 ≈ 666.667 平方米。

"你想过放弃吗？"

这个问题，从 2006 年开始，于子军就被反复问起。

"我为什么要放弃？再难，我也不会放弃。"

1986 年，于子军接了父亲的班，进入文登电力局工作，这是人人羡慕的好差事，但于子军不这么想，用他自己的话说：人来到这世上一次不容易，你得多去一些地方，多尝试一些活法，才对得起老天爷给你的这个机遇。

四年后，于子军毅然告别了体制内的生活，下海了。在 20 世纪 80 年代，"下海"是个时髦的词，但时髦，不是所有人都赶得起。下海是他的主动选择，事实也证明，在做生意这方面，他很有天赋。离开电力局后，他干过打印店、印刷厂、广告公司……在 90 年代初人均年收入不过两三千的时候，他每年能赚几十万元，积累了丰厚的财富。

流淌在血液里的"折腾"因子，让他不断地转换行业，寻找出口。2006 年，临近不惑之年，于子军挥别了城市的车水马龙，割舍了喧嚣的灯红酒绿，回到了自己的家乡，一头扎进那片平均海拔不足百米的丘陵山地。

一位相熟的大哥对他说：40 岁之前，你可以随便尝试，可劲儿蹦跶，但 40 岁之后，选准一个行业，干到底，你才有可能成就一番事业。

他为自己余生选择的创业项目，就是有机农业。

梦想实现了一半

威海市文登区处于山东典型的丘陵地带，海拔多在 50 到 100 米之间，虽然不如巍峨大山般摄人心魄，但绿水绕田，做一个荷锄而作的农夫，也不失雅兴。大水泊镇后埠岭村，这个位于胶东半岛的村庄距离最近的海岸线不过 20 公里，高铁站文登东站、文登大水泊国际机场驱车五公里都可以到达。住在这里，进可以入世，退可以归隐。

于子军的厚德农庄就坐落在村庄的东北角。

从卫星地图上看，这片占地超过 200 亩的小山丘和周围区别明显。夏天，整座小山郁郁葱葱，被浓绿覆盖，几乎找不到一片裸露的土地。在衰草披离的冬季，则呈现出一片浑然天成的灰黄。它周围阡陌纵横的田野，则被像伤疤一样硬化的水泥道路切割得四分五裂。而这片土地保持原貌，已经有 12 年之久。

不进行道路硬化，不使用工业化肥，不使用除草剂……于子军给自己的园区立下了几条铁律。从 2006 年开始，这些原则就没动摇过，这才有了卫星地图上，那密不透风的绿色。园区里的野草，如果不及时修剪，转眼就会长到齐腰高；雨季来临时，没有硬化道路的园区内沟壑纵横，水洼遍地，工作人员穿着齐膝的长靴穿行其间，片刻就能收集半靴子泥水。

在这片土地上，于子军实现了自己理想的一部分。

后埠岭村是于姓聚集的村落，追根溯源，最早可以到明朝中期。明清两代，进士、举人层出不穷，书香门第自有耕读传统，齐鲁大地本就是儒家文化浓郁之地，更何况有此"前科"。于子军一直想着有一天，回归故里，拥有一片田园，日出而作，日落而息，早看白云出岫，晚看倦鸟巢归。

这片两百亩的樱桃园，几已形成自己独有的生态系统。各种叫不上名字的昆虫隐藏其中，鸟雀成群结队地飞来觅食筑巢，在有人打扰时骤然飞起，遮蔽住一片天空，人工筑造的池塘和水库里，原本几尾放生的鱼苗，渐成气候，引来城里人垂钓自娱。就连对环境要求极为苛刻的刺猬，都开始在园区出没——没人知道它们从哪里跋涉而来，但既来之，则安之，那悠然自得的神态，似乎生来就是这片土地的主人。

另一方面，园区的成果也被越来越多的人认可，民间的、官方的接踵而至。2016 年 9 月，农业部批准设立的国内第一家有机食品认证机构——中绿华夏的专家来到基地，从空气、水源，到土壤、果树，全指标取样检测通过，专家给厚德大樱桃颁发了有机证书。

每年 5 ~ 6 月份，樱桃成熟的季节，厚德园区里挤满了从山东各地赶来采摘的樱桃客，往往预期 20 天的采摘期，不到 10 天就被抢购一空，于子军不得不动用多种关系，告知那些还没来得及赶来的朋友取消行程，这是于子军幸福的烦恼。

2018 年，在历时半年的实地监测、考察、评测之后，在熊猫指南发布的秋季榜单里，厚德樱桃以一星品质上榜，再次证明了自己的实力。

梦想只实现了一半

从实力和口碑上而言，于子军的创业是成功的。

"那在你的带动下，村民们是不是也开始种有机樱桃了呢？"

"没有。"于子军的回答斩钉截铁，没有丝毫犹豫。

"为什么？"

"因为他们没看到我赚钱啊。"于子军尽量让自己的回答看起来豁达，但笑容里仍然有易于察觉的苦涩。

这难免会有吃到葡萄还说葡萄酸，生怕别的蜗牛爬上来的嫌疑。然而，事实是，有机农业，在当前，的确是条九死一生的创业路。

2013年，于子军眼睁睁看着即将成熟的樱桃从枝头落入泥潭腐烂，成为来年的肥料；2017年，胶东大旱，本来丰收在望的樱桃慢慢地干瘪，一同干瘪下去的还有于子军的眼眶和双颊。这个时候，于子军束手无策，除了采取有限的补救措施以外，只能听天由命，并安慰自己的老婆和女儿：等明年，明年一定会好的。

于子军的女儿，从北京大学国际法学院毕业后做了一名律师，她打趣地说父亲给自己和妈妈开了一张"明年"兑付的支票，落款时却没有写今夕是何年。这样，"明年复明年，明年何其多，年年复明年，闺女成婆婆"。

一太聪明，三太傻，做农业，得二

"你想过放弃吗？"这个问题又被问起。

"我为什么要放弃？"于子军这次的反问里带了一点点愤怒，不过很快就平息了下来。

"一步一步来吧，每年进步一点儿，总会有一年，一切都不一样了。

一太聪明，三太傻，做农业，得二。"

就这样，生意人变身樱桃老农，崇尚自然农法，在质疑声中一干就是12年。

电影《我们村里的年轻人》主题歌中唱道：

"樱桃好吃树难栽，不下苦功花不开，幸福不会从天降⋯⋯只要汗水勤灌溉，幸福的花儿遍地开。"

听着这歌，口中跳动的鲜味似乎多了些许人生领悟。

苦尽"柑"来

《这个杀手不太冷》里，玛蒂达问里昂："人生总是这么苦吗，还是只有童年苦？"

里昂望着小女孩说："总是这么苦。"

相比于甜，苦，可能才是人生的常态。

柑橘类有上百个品种，虽然大小、颜色、口味各不相同，但基本味道都是酸甜的，近年来新培育和引进的品种也多以甜作为追求的目标。但是在柑橘类家族中却有一个异类——瓯柑。

不甜反苦，而且，让人欲罢不能。

再苦也是千年贡品

越王勾践卧薪尝胆之后的 160 多年，其后裔四散逃亡，其中一支逃亡到浙江南部瓯江流域，首领为摇。《史记·东越列传》记载，汉惠帝三年（公元前 192 年），摇被封为东海王，定都东瓯，世俗号为东瓯王。

东瓯国便是台州、温州和丽水三地最早的行政建制。即使东瓯国仅存留了短短的 54 年便归汉北迁，但这段历史赋予了这个温州重要特产一个名字——瓯柑。

瓯柑果形端正，梨形或高扁圆形，果顶部凸出；果皮橙黄色或金黄色，光滑油亮，果蒂鲜绿；果皮与果肉结合紧密，易于剥皮，果肉柔软多汁。

看到这，瓯柑似乎与其他柑橘并没有什么不同，不过如果把瓯柑放入口中，最先跟饱满的汁液一起蔓延开来的一定是微微的苦味，苦味完

了，有些人可以尝到一丝清甜，有些人却尝不到，还有一些人在初尝苦味的时候就已经把它吐出来了。

所以，瓯柑又叫"苦柑"。

端午瓯柑似羚羊

现代医学证明，瓯柑中苦味的主要成分是新橙皮甙和柚皮甙，因而瓯柑有退烧、缓解咽喉炎、缓解头痛等作用。温州民间素有"端午瓯柑似羚羊"的美谈，这里的"羚羊"主要指羚羊角，是有平肝息风、清肝明目、散血解毒功效的中药，这句俗语说的也是瓯柑的药用价值。

原来这款秋天采摘的水果居然要存放到春天，在大自然的鬼斧神工之下，化作春之一味。

　　说到好东西，历代帝王自然最会享受，食物上更是如此，有着 2400 多年栽培历史的瓯柑，唐宋时便以质优味美誉冠全国，成为帝王元宵佳节分赐群臣的美味。三国时期的曹操还专门派使者跨越 1400 公里的路程，到温州永嘉选取了 40 担瓯柑，运回都城邺郡。

　　除了中国人喜欢，日本人也喜欢瓯柑。15 世纪初，日本高僧智惠来到中国，取道温州乘船回国时品尝到瓯柑，倍觉美味，遂带了几篓瓯柑回到日本与院内和尚们分食。食用后，僧人们将柑籽随意抛撒在园子里，不想第二年竟然生根抽芽，长出了柑苗，开花结果后更意外地发现一株柑树结出了无核的瓯柑，几经改进培育出无核柑新品种。因为母体源于温州，这种新品被定名为温州蜜柑，在日本广为种植，远销国外。

　　能够忍受上千公里的长途运输，得益于瓯柑的另一个优势——耐贮存。瓯柑的贮藏不用任何保鲜涂料，只要保证干燥、通风，瓯柑的贮存期可以长达半年，经常有人在来年端午节前后取出上一年的瓯柑食用，这样长的贮存期是其他柑橘无法做到的。长期贮藏之后的瓯柑，在口感上也会有所"升华"，苦味尽消，柔软多汁，甜美爽口，颇有些"苦尽甘来"的意味。

温州人心里"家"的味道

温州有诗赞瓯柑道：先苦后甜堪品位，个中三昧似人生。

细想来，品尝一颗小小的瓯柑，竟然有种与越王勾践遥遥呼应的历史味道。

瓯柑适合种植于"斥卤之地"，所谓斥卤之地，就是积潦纵横、盐碱低洼、芦苇丛生的贫瘠土地。而"八山一水一分田"的温州，则给了瓯柑更大、更适宜的生长空间，瓯海梧田、三垟等平原水网密布地带的环境，被专家认为是最适合瓯柑的生长地。时下，三垟 70.9% 的陆域面积中有 47% 的面积都种植了瓯柑，或许正是如此严苛的地理要求决定了只有温州才有如此地道的瓯柑。

如今温州一年仅产 6 万吨瓯柑，产量不足全国柑橘类产量的 2‰。但不管产量如何，对于习惯四处闯荡的温州人来说，瓯柑始终是家乡独

有的味道代表，更是寄托乡愁的慰藉。居于温州当地的人不用多说，每年总要吃上几箱瓯柑，才觉得日子圆满；对于年少离家、客居他乡的温州人来说，瓯柑最能承载深沉的情感，一位生于 20 世纪 20 年代、客居杭州的老者感叹"最难忘是瓯柑"。

而且，对于温州人来说，瓯柑也并不总停留在味道的感知上。温州旧时的手工铜匠在做好铜器的毛坯之后，需要用瓯柑汁浸泡一段时间，才能继续加工为成品，当时手工制作的铜制茶壶、水壶、面盆可是日常生活的必需品。虽然铜器毛坯浸泡柑汁的原因已不得而知，但瓯柑确实已经浸入到温州生活中的每个细节。

剥开一粒黄灿灿的瓯柑，填进嘴里，微苦漾开之时，对于过往和故乡的思念最浓烈，饱含历史味道和亲情挂念的食物最让人觉得是享受——时间越长久，那些带有历史和岁月之赏的味道越纯粹。

九年修得好百合

　　甘肃会宁县，古丝绸之路穿境而过的军事与交通重镇，自古便有"秦陇锁钥"之称。5000多年前的新石器时代境内就有人类生息繁衍。到了近代，会宁县又因工农红军三大主力在此胜利会师而闻名中外。与此同时，与这次胜利一同闻名中外的，还有会宁县的食用百合。

　　甘肃是有名的黄土高原旱区，这里土地贫瘠，人畜饮水完全依赖老天爷下雨。这种严酷苛刻的环境，却十分适合兰州百合生长。兰州百合色泽洁白如玉，肉质肥厚香甜，有润肺、祛痰、止咳、健胃、安心定神、

促进血液循环、清热利尿等功效。经过 400 多年的种植栽培，兰州百合口感甜美，纤维很少，个头大，无苦味，是全国少见的食药两用甜百合。

与其他蔬菜不同，兰州百合的生长过程极其复杂漫长，百合种下时会生出颈生球，颈生球会花费三年时间生长，之后合格的颈生球会被分拣、种植。再经过三年才能得到种球。种球再生长三年，才能得到一颗完美的兰州百合。而这个过程要经过两次移栽，生长期长达九年。

种植烦琐、耗时长、口感佳、食药两用，这些珍贵的特性让兰州百合曾经仅供达官贵人食用，也是地方官僚向清朝政府官员和皇室进贡的佳品。

三年长根，

又三年得种，

再三年结果，

九年生长，

时间积累出的脆甜与润泽，

差一分一秒都不能叫兰州百合——来自黄土高原的贡品药蔬。

春天里的一把火

火龙果又称红龙果、玉龙果，原产于南墨西哥、太平洋边之中美洲诸国，于热带美洲、西印度群岛、南佛罗里达及热带地区均有栽培。

火龙果家族也有着很多品种，除了常见的红皮白肉火龙果，以及最近流行的红肉火龙果，还有黄皮白肉火龙果。大多数水果一年只开一次花结一次果，上市期集中，而火龙果正与此相反，产期非常分散，4 ~ 11 月均可产果，熊猫指南上榜的北纬十八度火龙果因产于热带地区海南，果期更长，通常一年四季都能吃到。

北纬十八度火龙果是一款引自台湾的优质品种，产自无工业污染的海南省东方市，色泽鲜艳，甜度高，口感细腻，香味浓郁。火一样的红心火龙果冰镇一下，口感更佳，给人一种冰火两重天的感觉。

在北纬十八度打造的大田镇海晟火龙果基地，每当夜幕降临，会有万盏灯光齐射为火龙果催花，蔚为壮观。

东方之魁

　　漫山杨梅树，挂满紫红色的果实，那乒乓球大小的"巨型"杨梅，中国人为它取了个形象的名字——东魁。有幸在树下摘一粒，放在鼻尖，立刻嗅到浓郁香气。咬下一口，甜甜的汁水冲撞着口腔，瞬间唤醒味蕾。轻轻咀嚼，果肉饱满柔顺，温和的酸味显现，与甜味交融。如果冰镇一下再吃，那风味简直是翻倍的刺激。

老杜是这片杨梅园的主人，这款鑫湖东东魁杨梅获得了熊猫指南二星。年近六旬的老杜当过兵，干过建筑，跑过运输，靠着厚道诚实肯吃苦，20世纪90年代就成了万元户。种植杨梅他是从零做起，靠着自己数年的钻研，把杨梅种出了名堂，他也成了云南省石屏县的名人。现在除了钻研杨梅技术，他也在学习管理、经营，我们问他是如何做到这么多事的，他总笑着说："我不懂可以慢慢学。"

我们拜访老杜数次，他总是那样笑着，和善健谈，滔滔不绝地分享心得。他的笑容像是照在杨梅上的那束光，似乎在他心中，农业十分美好，没有那么艰难。

夏之华

第二章 ｜ 夏之华

6月以后，天气热了，空气湿了，还有声音佐证。

这声音就是草虫的合奏。

合奏的主角当属知了。

这个学名"蚱蝉"的小生物，就是那个一到夏天就"知了，知了"放声高歌的家伙，仲夏夜音乐会的主角。大家可能不知道，唱歌的知了都是"男生"，为了吸引异性，它们靠腹部鼓膜高速震颤发音，震频可达每秒 10 000 次左右，实打实的"腹腔共鸣"。

和它们一起歌唱的还有蛐蛐、蝈蝈，和它们一起飞行的还有蜻蜓、蚱蜢，和它们一起蜕变的还有蝴蝶、螳螂……

很多种昆虫只为夏天而生。春天它们来到这个世界上，必须把所有的芳华都展现在夏天，使劲儿折腾一番，秋风一起，便悄然离去。

与这些小生命一起茂盛成长的是水稻、小麦、荔枝、蟠桃……在夏日的阳光和雨露中，自然界万物疯长。

大诗人泰戈尔在诗歌《生如夏花》中写道，

"Let life be beautiful like summer flowers and death like autumn leaves."

郑振铎先生将它翻译为，

"使生如夏花之绚烂，死如秋叶之静美。"

最中国的水果

什么水果最中国？

它原产于中国，人工栽培历史有 2300 多年，

中国人种了世界产量的 80%，

在市场上，我们很难看到进口货，

因为最好的它，都在中国。

如果我们中国人说不清楚它，世界上就再没别人能讲清楚了。

它是我国南方热带水果之王，

与香蕉、菠萝、龙眼一同号称"南国四大果品"。

历史上，无数的文人墨客为之留下名篇墨宝，

白居易、杜牧、欧阳修、苏东坡都写过它。

当然，还数杜牧写的最出名，

"一骑红尘妃子笑，无人知是荔枝来。"

对，这个最中国的水果，

就是荔枝。

　　北方人吃到的荔枝基本上都是妃子笑，因为它货架期长，好的荔枝"离枝变味"，所以荔枝古称"离支"。

什么荔枝最好吃

　　荔枝有 200 多个品种，主要分布在中国的北纬 18 到 29 度范围内，广东栽培最多，福建和广西次之，四川、云南、贵州、海南及台湾等省也有少量栽培。亚洲东南部也有栽培，非洲、美洲和大洋洲有引种的记录。

在广西钦州市灵山县新圩镇邓家村有一棵千年荔枝树，品种为灵山香荔。树高 13 米，至今长势茂盛，年年挂果，核小肉厚，香甜爽脆。1963 年，我国著名生物学家蒲蛰龙教授带领考察组前来考察，认定树龄超过 1460 年。按照公元 503 年种植，今天算起来树龄已经超过 1500 年了，是目前我国仅存的树龄最长的"灵山香荔"母树，《灵山县志》《广东荔枝志》均有记载。

这棵千年荔枝树树干最大周长 6.15 米，三名熊猫指南认证官"联手"，也不足以环抱树干。

现在，中国主要荔枝品种有挂绿、桂味、糯米糍、淮枝、水晶球、妃子笑、白糖罂等十几种，熊猫指南认证官团队对近年来热销的品种进行了详细的调研并加以分析。

12 款主要荔枝剖面图

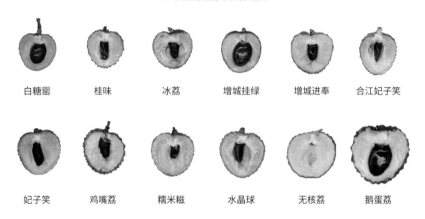

| 白糖罂 | 桂味 | 冰荔 | 增城挂绿 | 增城进奉 | 合江妃子笑 |

| 妃子笑 | 鸡嘴荔 | 糯米糍 | 水晶球 | 无核荔 | 鹅蛋荔 |

荔枝的成熟期

品种名称	5月上	5月中	5月下	6月上	6月中	6月下	7月上	7月中	7月下	8月上
妃子笑	●	●	●	●	●	●	●	●	●	
白糖罂		●	●	●						
无核荔			●				●			
鹅蛋荔					●	●	●			
冰荔						●				
鸡嘴荔						●				
增城挂绿						●	●			
增城进奉						●	●			
糯米糍						●				
水晶球						●				
桂味						●	●	●	●	●
合江妃子笑								●	●	

天价挂绿

挂绿荔枝是广东增城的特产，中国国家地理标志产品，荔枝中的珍稀品种，每年6月上旬～7月上旬成熟。挂绿的果实成熟时红紫相间，一绿线直贯到底，"挂绿"一名因此而得。但现在，市场上购买的挂绿，"挂绿"已不明显。挂绿果肉细嫩、爽脆、清甜、幽香，特别之处是凝脂而不溢浆，用纱包裹，隔夜纸张仍干爽如故。

据文献记载，广东增城挂绿至今已有400多年的历史。乾隆年间县志记载原产于增城新塘四望岗，嘉庆年间因官吏勒扰，百姓不堪重负砍光挂绿荔枝，只存县城西郊西园寺一棵至今，弥为珍贵。在2001年、2002年举行的挂绿拍卖会上，曾创下单颗55.5万元的天价。现在人们在市面上买的挂绿荔枝，均为西园挂绿老树的子孙代果实。

亲民妃子笑

如果问哪种荔枝最亲民，那肯定是妃子笑了。

昔日贵妃口中物，今日寻常百姓餐。

妃子笑别名落塘蒲、玉荷包。晚唐诗人杜牧那句诗已人尽皆知，一骑红尘妃子笑，无人知是荔枝来。妃子笑荔枝因此得名。

妃子笑荔枝在我国华南各地都有种植，属于早熟品种，成熟期为每年5月上旬~7月下旬，海南最早，四川最晚。妃子笑的特点是果皮青红色，形状近圆形或卵圆形，在未转红前已经味甜可食，全红过熟反而品质下降。

妃子笑荔枝表皮薄，龟裂片凸起，裂片峰细密，锐尖刺手，果肉厚，白蜡色，汁多，蜜甜，清香，核中等大小。妃子笑较耐贮藏运输，既适宜鲜食，又适合制干加工等。

北方人一般吃到的荔枝都是妃子笑，原因很简单，荔枝是最不易保存的生鲜果品，没有之一，而妃子笑这个品种，相对来说货架期长，难怪当年杨贵妃吃到的也是它。

清香的桂味

桂味荔枝产于华南各省区，是广东的主栽品种之一，成熟期为每年 6 月下旬～8 月上旬。桂味的特点是果皮浅红色，皮上的裂片峰尖刺手，皮薄而脆，核小，清甜多汁，有桂花香味。桂味丰产稳产性差，果实较不耐贮运。

桂味果如其名，泛着淡淡桂花清香，肉爽而清甜。据说广东人食荔枝，起于桂味，止于糯米糍。一颗桂味浆汁入喉，唇齿皆留桂花香。

桂味中的"鸭头绿"，有墨绿色斑片，更是特佳品种。

软糯的糯米糍

糯米糍主要产于广东的广州、东莞、深圳等地，成熟期为每年 6 月下旬 ~ 7 月上旬，特点是果皮颜色鲜红，扁心形，果肩一边隆起，表皮龟裂片隆起，裂片峰平滑，缝合线明显，果肉半透明，软滑多汁，味浓甜，微带香气，核偏小。糯米糍是著名良种，品质特优，适合鲜食和制干。糯米糍落果和裂果严重，产量较低而不稳定，不耐贮藏运输。

对于糯米糍荔枝，一直存在着争议。糯米糍荔枝个头大，果肉丰厚，汁水丰富，入口即化；味道香甜，又不会过于甜腻，肉质却略微绵软，与其他荔枝的爽嫩口感不同。爱之则无嫌猜，憎之则如待路人。不喜糯米糍的人，不爱它松软的质感，而喜爱糯米糍的人，恰恰喜欢这一口软糯。

并蒂无核荔

无核荔枝分为南岛无核荔（海南）和粤引无核荔（广东），主要产地在海南琼山和广东省，成熟期为每年6月上旬（海南）~7月上旬（广东）。无核荔枝的特点是果皮暗红色，形状呈圆球形或扁圆球形，皮薄个大，并蒂成对，果肉乳白色，半透明，肉质脆，淡甜味，无核或小核。无核荔枝品质良好，适合鲜食。

因为无核，自然果肉最是丰厚饱满，个头大，甜度也是非常高，一口咬下去，全是汁水满满的果肉，满足感油然而生，简直就是为吃货而生的水果。

无核荔枝还有一个有趣的特点：都是成对结果，并蒂而生。这让无核荔，在各色荔枝中，显得与众不同。

　　熊猫指南上榜的三星级海南陆侨无核荔枝，种植基地位于海南省澄迈县桥头镇，属亚热带气候，四季分明，年日照时间在 200 天以上，无霜期 350 天，年降雨量在 1800 ~ 2000 毫米；基地土质为火山岩富硒土壤，灌溉水源为南山水库。

　　陆侨无核荔枝经过 11 年研究筛选、实验繁育，

　　历经 8 代成果更迭，

最终育出并蒂双生、形似爱心的荔枝。

陆侨无核荔枝生长于"中国长寿之乡"，

扎根火山岩富硒土壤，

孕育出皮薄果大、甜度适中，

汁水饱满、果肉细腻。

当然，最突出的特点还是无核，一口一个"肉丸子"，水果味的。

凡是品尝过这款无核荔枝的人，无不为之感到惊艳。

保鲜才是王道

荔枝是一款很金贵的水果,广东人有条件的话,会去树下现摘鲜食,北方人就只能在市场中购买了,因此,荔枝的保鲜很重要。荔枝红颜易逝,如白居易所云,一日而色变,二日而香变,三日而味变,四五日外色香味尽去矣。

保湿,低温,有利于荔枝延长那么一点点时间。保存荔枝时,尽量留一些枝叶,荔枝表面湿润即可,如水分过多应稍作擦拭,存放在盒子/箱中,盖以湿毛巾(以不滴水为宜),最后置于冷藏室保鲜即可。

吃荔枝的时候,冰镇味更足。"冰肌不受人间热",荔枝外表冰肌玉骨,味道亦是冰镇后风味更佳,冷冻成冰品,或制成果汁、果酒、甜品,各有不同美妙滋味。

荔枝虽然好吃,但贪多易上火。如果像苏轼一般,日啖荔枝三百颗,不辞长作岭南人,怕是要上火的。

如何定义荔枝的好吃

如此最中国的产品，如果我们中国人讲不清楚它的好，世界上就没有人能够讲得清楚了，所以，2018 年熊猫指南对中国南方诸省的荔枝进行了地毯式调查，就是想告诉大家中国荔枝的好。

从数据分析中能够看到，荔枝的好吃和糖度关系不大。下图中，无核荔枝的糖度不比妃子笑高，但好吃程度遥遥领先。评价荔枝的时候，汁水是否丰富、甜酸比、肉核比、口感滋味、外观、香气等多维度并存，且鲜字当道，文化相辅，绝非一两个指标可以讲得清楚。

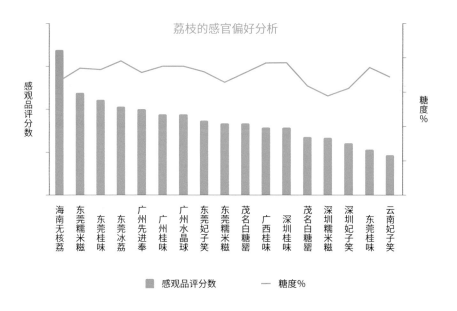

荔枝的感官偏好分析

如此中国的天赐良物，我们一定要珍惜善待。

三月，十里桃花。

六月，桃香四溢。

"桃跑" 计划

世界上约有 3000 种桃，中国有 800 种左右，但中国人种了全世界一半的产量和面积。

早在《诗经·魏风》中就提到了桃子。现在大家吃到的很多种桃子是原产于中国的。在河姆渡遗址中，就有 7000 年前的野生桃核。中国人工栽培桃树的历史也至少有 3000 年了。目前，我国有 20 多个省市种植了桃树。

在中国人的眼中，桃是带仙气的水果，祝寿的佳品也是桃。大家是否还记得《大闹天宫》这部动画片，其中一个桥段就是孙大圣砸了王母娘娘的蟠桃盛会。虽然叫蟠桃盛会，但电影画面中的桃子可不是蟠桃，因为蟠桃是扁的。

那么桃子有多少品种呢？哪些更好吃呢？

这个问题和荔枝一样，如果我们中国人说不清，恐怕世界上没有哪个国家的人可以说清了，因为我们中国人种的桃最多，吃的桃最多，与桃相关的文化传承也最多，所以关于桃的好吃，必须由我们中国人来定义。

看图识桃

2018 年，熊猫指南跑遍了中国近 20 个产区，品鉴了 56 种桃子，终于整理出这一篇"桃跑计划"。其实，美味的桃子有很多，从 5 月到 10 月，都有好吃的品种，咱们一起看图识桃。

大名鼎鼎的阳山水蜜桃

比罐头不知美味多少倍的新鲜炎陵黄桃

兼具娇媚和英气的广东连平鹰嘴桃

国宴用桃丽江雪桃

猜你没见过的新疆库尔勒油蟠桃

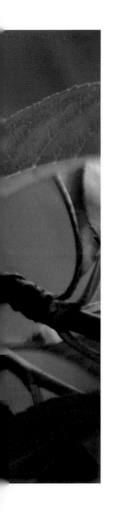

没想到吧，还有这么多美貌又美味的桃子。

其实，桃子的种类有很多种分法，从口感上分，有绵软的水蜜桃、清脆的脆甜桃；外表上看，有毛茸茸的毛桃，还有光溜溜的油桃；颜色有白、粉、黄；形状有普通桃、蟠桃、鹰嘴桃；就连里面的桃核，还分为黏核的、离核的……

桃色江湖

跟着熊猫君一起全国"桃跑"吧，

不管你爱吃软桃还是脆桃，

甚至是怕桃毛的人，

都能找到一款适合你。

怕桃毛者的救星——油桃

油桃的品尝期为每年 5 ~ 8 月，主要产区位于江苏、山东、河北等地，明星品种有中油系列、黄油系列。

油桃早熟，每年 5 月便已上市。

油桃的营养价值高，富含维生素，有很高的食用价值。但大部分油桃都较酸，不太符合东方人的消费习惯。这一次，熊猫君在山东发现了两种油桃，香甜可口，颠覆了人们对油桃的刻板印象。

2019 年熊猫指南春季榜单上榜的两款油桃分别来自山东烟台和山东临沂。

临沂的桃本桃油桃风味浓甜（含糖极高），十分适合中国人喜甜的饮食习惯；香味浓郁，清香可口，肉质细脆，爽口异常。成熟后油桃的可溶性固形物含量（可反映糖度）测试，普遍在 20% 左右，最高可达 24%。

　　烟台的义凯庄园油桃果皮底色乳白，80%以上果面着玫瑰红色，鲜艳美观；果肉白色，较硬，纤维中等，完熟后柔软多汁，可溶性固形物含量 13% ~ 15%，风味浓甜，香气馥郁。

软桃迷恋者——水蜜桃

水蜜桃的品尝时间为每年 6 ~ 8 月，主要产区位于奉化、阳山、龙泉驿等地，明星品种有玉露、湖景蜜露、白凤桃等。

水蜜桃堪称桃子界的 C 位担当。名字已透露着汁水的甜蜜，外表更是诱人，一抹红粉百媚生，闭上眼也能闻到满溢的香甜。夏秋之际，咬下一口饱满多汁的水蜜桃，软糯、缠绵，闷烦的夏天瞬间多了一份幸福和满足，干燥的秋天，也变得温柔滋润。

提到水蜜桃，就不得不多说一下奉化和阳山。

2019 年熊猫指南春季榜单上榜的九岙奉化水蜜桃种植基地四面环

山，形成独特的小盆地地势和气候，受自然灾害影响相对较小，有着明显的海洋性季风气候的特征，昼夜温差可达 10℃左右，非常适合桃子的生长。基地大部分种植的品种为小湖景蜜露，可溶性固形物含量在15% 左右。良好的气候条件，使得一般只需用雨水和露水即可满足桃子对水的需求，再加上独特的小盆地地势，桃园基本没有常见的桃树病虫害，这样看来，奉化的水蜜桃真可以称得上是"天选之桃"。

阳山水蜜桃一直是水蜜桃中的明星，熊猫指南除了亲赴阳山采桃，也在普通超市买了一些市售桃子，整体来说，汁水多，甜度高，果肉细腻，桃香明显，皮容易剥离，不负阳山美名。

可不只是罐头——黄桃

黄桃的品尝时间为每年的 7 ~ 9 月，主要产区位于华北、华中、西南一带，明星品种有锦绣黄桃、黄金脆等。

黄桃是粉色家族的反叛者，而且她的反叛很彻底——从外皮到果肉，黄就要黄得表里如一。

别看黄桃色彩如此大胆，却是一个脆弱的家伙——黄桃不耐储藏，是最易腐烂变质的水果之一，采摘以后，通常只能保存四五天。难怪除了黄桃产地及其周边，市面上很少看到新鲜黄桃的踪迹，大多只能吃罐头解馋。

不过，随着物流越来越发达，吃一颗新鲜的黄桃已不再是难事，甚至可以像熊猫君一样，来一场说走就走的"桃跑"，去黄桃的家乡走一遭！

2019 年熊猫指南春季榜单上榜的黄桃是湖南株洲的炎陵黄桃。这里的黄桃种植基地海拔较高，因此也被称为"高山黄桃"，需要开车沿着山路翻越两座山丘才能到达。熊猫君原本计划探访的桃园，因去的时候恰逢大雨，在路上遇见山体侧滑，不得已改去了另一块种植地。

虽然行程艰险，却收获了一路风景。古朴的村落于雨雾蒙蒙中时隐时现，没有任何污染性企业，所以山泉清澈、环境优美。

而这里生长而成的炎陵黄桃，也自然吸收了天地的灵气。炎陵黄桃以其"个大、形正、色艳、肉脆、味甜、香浓、绿色"等特点享有盛誉。熊猫君实测可溶性固形物含量在 12% 左右，靠近核处可达 14%。

爽脆党的最爱——脆甜桃

脆甜桃的品尝时间为每年 6 ~ 10 月，主要产区位于北京、广东以及中西部地区，明星品种包括久保系列、雪桃、秦王桃、鹰嘴桃等。

喜爱脆桃的人，偏爱那干净利落的甜蜜，不痴缠、不依附——徒手一掰，肉能离核；咬上一口，没有黏腻的汁水，只有"咔嚓""咔嚓"声，仿佛少女笑出的银铃。

脆甜桃的态度鲜明，就像敢爱敢恨的少女，从来不会暧昧不清——吃的时候便极尽甜蜜，吃完之后也不塞牙，留下干干净净的一颗核心安然离去。

脆甜桃的品种有很多，其中又以鹰嘴桃比较特别。鹰嘴蜜桃因桃果带鹰嘴钩状而得其名，是连平县的特色农产品，也是熊猫君这次探访脆甜桃家族的目标之一。

这里四面环山，山体海拔约800米，在冬季长年云雾环绕。熊猫君沿路徒步上山，发现路边种的全都是鹰嘴桃。

种植地的土壤为黄壤砂性土，黄壤土既具有红壤富铝化作用的特点，又具有棕壤黏化作用的特点，呈弱酸性反应，自然肥力很高。独特的地理和气候造就了上坪镇鹰嘴蜜桃的独特之处，也只有上坪镇产的鹰嘴桃口感最正宗。

探访过程中，熊猫君了解到：鹰嘴蜜桃是一种能够自花结果的树种。但是异花授粉对提高其果实的品质和产量有非常大的好处，所以桃园特意养蜂进行授粉。

　　鹰嘴蜜桃的生长周期 120 天以上，属中晚熟品种。7 月初桃子开始成熟，成熟后的桃子果皮颜色以青红相间为主，表面绒毛较多；果肉呈淡黄色，靠近果核处为红色。经过熊猫君的测试，鹰嘴桃的可溶性固形物含量为 14.4%，最高可达 17%。

经：E 114°14′～114°56′　　　纬：N 24°06′～24°36′

散发仙气的圣桃——蟠桃

蟠桃的品尝时间为每年的 5 ~ 10 月，主要产区位于新疆、甘肃、陕西等地，明星品种有早露蟠、油蟠、巨蟠等。

蟠桃是中国古代神话中出镜率最高的桃子，把蟠桃比作仙桃的诗句数不胜数，《山海经》有云："沧海之中，有度朔之山，上有大桃木，其屈蟠三千里。"就连《西游记》中的孙大圣，也忍不住想在王母娘娘的蟠桃盛会上偷一颗蟠桃。

2019 年熊猫指南春季榜单上榜了一款稀有的品种——"桃太萌"的油蟠桃。它既是油桃，也是蟠桃。刚摘下来的油蟠桃，肉质爽脆，味道清甜；如果爱吃软绵的，放个两天左右，一口一个爆汁，香甜可口，入口即融，简直满足了吃货们对桃子的一切想象。更令人惊讶的是，这种桃子最初是一位大叔在新疆寸草不生的戈壁滩上种出来的。

8月中下旬，正是这种油蟠桃成熟的好时节。吃上一口，可谓"此桃只应天上有，人间难得几回闻"。如果失恋了，恰逢此物上市，那就忘情地吃了它，忘了 ta。

水果大叔

寸草难生的戈壁滩，如何长出香甜多汁的桃子？

带着这份好奇，熊猫指南团队踏上新疆的戈壁滩，开启寻找油蟠桃、寻找水果大叔之路。

行走在巴音郭楞蒙古自治州的公路，我们路过大量的沙漠和戈壁滩，即使是途经"绿洲"博斯腾湖，也能分明地看到：一半湖水，一半荒地。这个中国最大的内陆淡水吞吐湖，也难以掩盖这片土地的荒茫。

为什么在新疆

"新疆气候干燥，昼夜温差大，水果比较容易积累糖分。通过修剪和精心地管理，生物与物理防虫防冻相结合，在这个基础上，我们自己发酵有机肥，以天山的牛羊粪便为主要原料，经过自然发酵而形成有机肥，增加土壤的有机物质。我们全部使用有机肥种这个桃。"在库尔勒504 机械厂附近，我们终于找到了水果大叔，带着浓重河南口音的水果大叔开着车，带我们去探访油蟠桃园。

大叔内敛沉静，不善言谈。如果我们不发问，他便只是安静地开车。在询问中，我们知道，大叔是河南人，高中毕业后，别人劝他读个中专师范当个老师，一生安逸也体面，而渴望挑战的他拒绝了家人的安排，1995 年，赤手空拳来到新疆库尔勒。新疆瓜果之甜，闻名中国。这里超长的日照和昼夜温差的作用，造就了水果的高糖分，在这里种出好吃的桃子，似乎是理所当然。不过，事实却完全不是如此。

桃树适合中性或微酸土壤，如果是绵软多汁的水蜜桃，还需要高温多湿的气候条件，这就不难理解，为何水蜜桃大多生长在长江三角洲地区。然而，新疆大都是强碱土壤，从河南来到新疆闯荡的大叔，最初连强碱土地都没有。

无论是大叔，还是桃子，想在这片戈壁滩落地生根，都十分艰难。为了谋生，大叔帮别人养过鸡，种过菜，打过工。在库尔勒这块水果宝地，谁不渴望有一块自己的土地、种一些好吃的水果呢，但价格总是让他望而却步。

机缘巧合下，他得知新疆政府要将 504 军用基地改造成农场，费用不高，但地皮小，仅 9 亩，而且这是一块戈壁地，全是石头、沙子和碱性土壤。严重的戈壁滩，连梭梭草都生存不下来。彼时，大叔已别无选择，

大叔在戈壁滩上为我们重现改造土壤的"笨"办法

决心拿下这块地，背水一战。

在这样的强碱地想种出桃子，必须改良土壤。大叔想了一个"笨"办法，在每棵树种植之前，先挖一米见方的坑，然后把沙土和石子分离，再将买来的优质土与沙、有机肥混合，最终填入坑内。一层土放一层土肥混合物，再放一层土，才算完成一棵树的土壤准备。用了整整一年，大叔和妻子挖了600多个深坑，又用了5年时间，从树根的土壤开始一点点往外蔓延扩散，完成了土壤的改造。

　　土壤改造还不算完，新疆冬日的冻害，和春天结果期的冻害，都是对桃树严峻的考验。有好几次没有安全过冬，马上要结果的果树，都冻死了，一冻死，又需要重来，继续等待 4 ~ 6 年。

　　做什么事都怕持之以恒。在库尔勒，大叔一待就是 20 多年，在这五分之一世纪的时间里，水果大叔的土地逐渐改良扩大，达到了 100 亩。试验田里也引进了 40 余品种桃子，技术成熟的已有 5 种，原来的碱地已是绿荫葱葱。库尔勒丰富的日照，让每一颗桃都饱含阳光宠爱，挂在枝头上的油蟠桃个大红润，在树上慢慢生长、自然成熟，才将其摘下。

由于农场所在位置原是 504 军用基地，当地人都称这里的桃子为 504 蟠桃。在家里小辈的提醒下，大叔也有了品牌保护意识，给这种圆扁扁红彤彤的油蟠桃取了一个可爱的名字："桃太萌"。

现在，大叔火了，获得数十家媒体的报道，有媒体甚至把他的桃子称为"全中国最好吃的桃子"，"水果大叔"这个名字也逐渐叫响了，大叔依然不善言辞，面对络绎不绝的拜访者，他甚至不记得告诉人们，他的本名，叫王关存。

在探寻中，我们想在桃园实地采访，他却总是习惯性地钻进树间剪枝疏果；我们想了解如何改造戈壁滩，他便带着铁锹和筛子在布满石头的戈壁滩上一言不发地挖坑……我们尝试着一同挖，一铁锹下去却总是"碰壁"，戈壁滩上风沙很大，很快我们就气喘吁吁，大叔却不知不觉已挖出了一个坑。过去的艰苦我们难以想象，他只是埋头挖坑没有去提。后来，他的侄女告诉我们，在戈壁滩回顾挖坑的那一天，大叔其实偷偷地流了泪。

谈到自己的桃子，大叔说："这个桃子，第一，它绿色健康，第二，它好吃，还原了桃的味道。"

"未来嘛，没想过，就是想让这些优质的水果走出新疆，走出国门。"

沙瓜先生

在甘肃河西走廊，巴丹吉林沙漠与腾格里沙漠之间，有一块 1.6 万平方公里的绿洲，正面临着被沙漠吞噬的危险，这里是民勤。

民勤曾经水草丰美，却因是中国四大沙尘暴策源地之一而闻名。2004 年，专家学者曾判定，这里已经不适合人类居住，预言民勤将在 17 年后消失，逃离民勤成了当地大多数人的选择。

听闻了这样的消息，土生土长的民勤人马俊河和一帮志同道合的朋友，成立了"拯救民勤志愿者协会"。2006 年，他正式放弃了城市中的生活，回到家乡，承包荒滩，种起了防风固沙的梭梭。为了留住更多想要"逃离"的民勤人，马俊河还尝试了一条"产业化治沙"的道路，即找到民勤优质种植的农户，帮助他们种植并销售出民勤蜜瓜等农产品。在他看来，有了稳定的产业，才会有人留下来，民勤绿洲才有焕发新生机的希望。

其实，民勤县甜瓜生产历史悠久，特殊的气候条件，特别适宜瓜类作物生长，因此该县是甘肃最大的厚皮甜瓜产地，也是全国主要产地之一。它们在这片土地上生长了100多年，全年162天的无霜期，每天超过 12 小时的日照，以及沙漠气候的巨大昼夜温差，都让它积聚更多糖分，因此口感十分甜。

熊猫指南推荐的一星产品沙瓜先生蜜瓜，就是马俊河带领乡里种植的。这种蜜瓜瓜皮金黄、个大、糖度高、水分含量足，汁多味甜，风味浓郁。

熊猫君现场体验西瓜泡馍与哈密瓜拌炒面

在我们前去探访时，马俊河介绍，因当地缺水，人们外出沙漠干活时，常常会把面炒好与瓜一起带着，用瓜的汁水拌着面吃，既能吃饱，又能解决渴的问题。

有人说，马俊河是沙瓜先生，也是"傻瓜"先生，无论是 10 余年种树，抑或是如今的种瓜，只为守护这片绿洲。现在，这里的绿色在逐渐增加，我们盼望着，种瓜得瓜。

资料来源：Revue Horticole.

葡萄藤下

葡萄是世界最古老的植物之一。考古学家在距今 6700 万年 ~ 1.3 亿年的中生代白垩纪地质层中发现了葡萄科植物。

葡萄的传播历史是一趟艰辛之旅：在欧洲最早开始种植葡萄并进行酿酒的国家是希腊，大约在 3000 年前，希腊的葡萄栽培业极为兴盛。公元前 6 世纪，希腊人把葡萄和葡萄酒通过马赛港传入高卢即现在的法国，随着罗马帝国的扩张，葡萄栽培和葡萄酒酿造技术迅速传遍法国、西班牙、北非以及德国莱茵河流域，并最终进入欧洲陆地各国。15 世纪 ~ 16 世纪，哥伦布发现新大陆后，传教士将欧洲的葡萄带到南美洲从而扩展到全美洲。

葡萄在中国的传播通过丝绸之路。作为世界果树起源中心之一，我国的葡萄栽培历史悠久。我国有关葡萄的最早文字记载见于《诗经》。早在殷商时代，我国劳动人民已经知道采集并食用各种野葡萄，西汉时期，张骞奉汉武帝之命出使西域，将西域葡萄栽培及葡萄酿造技术引进中原，从此之后，西方的葡萄栽培技术和葡萄酒文化在华夏大地上广泛传播。

中国葡萄栽培目前仍以鲜食葡萄为主，占栽培总面积的 80%；酿酒葡萄约占 15%，制干葡萄约占 5%，制汁葡萄极少。葡萄品种包括：欧美种群品种巨峰、夏黑等，约占栽培总面积的一半；欧亚种群品种红地球、无核白、玫瑰香、维多利亚、美人指等，约占总面积的 42%。

盛夏到秋初，是吃葡萄的好时节。大串的葡萄挂满葡萄藤，躲藏在藤下，就连吐鲁番火焰山的炎热气，也能一下子消了去，摘一粒晶润多汁的葡萄入口，什么燥热也都忘了。这时我们来到新疆调研，每个老乡家里都会摆上一盘葡萄，招待客人。

2018 年熊猫指南共有两种葡萄上榜，其中来自葡萄之乡吐鲁番的红柳无核白，被誉为火洲里的绿珍珠，沁人心脾，是经典的品种，许多白葡萄干，便是由无核白制成。

此外，熊猫指南认证官还重点调研了 2018 年市场上销售火热的阳光玫瑰葡萄。这一品种原是欧美杂交种，由日本果树试验场选育而成，近年来陆续引入我国，广为种植，经过熊猫指南认证官的多方认证，来自云南的锦瑜阳光玫瑰葡萄最终上榜一星。这种葡萄呈椭圆形，绿色，不了解的还以为未成熟，吃起来却是甜度足、无籽、汁水丰富，还有着阳光下玫瑰的香味，而它耐运输的特点，也优于常见的品种，备受市场喜爱。日本、韩国产的阳光玫瑰葡萄也时常出现在北京、上海的高档超市里，蹭蹭热点，当然，价格也更高。

百变猕猴桃

　　猕猴桃是原生于中国的古老物种，100 年前新西兰女教师伊莎贝拉带了几株中国猕猴桃回到新西兰，那便是如今在全世界攻城掠地的新西兰奇异果。原产于中国的猕猴桃至少有 59 个品种，熊猫指南榜单上的 3 款猕猴桃，恰好是不同品种的代表。

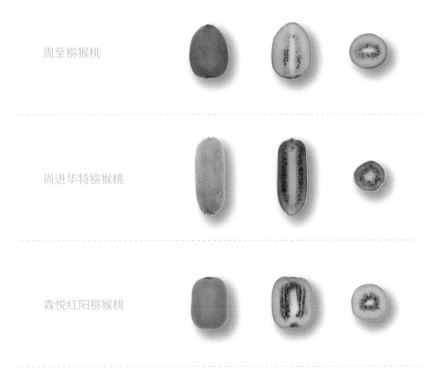

周至猕猴桃

尚进华特猕猴桃

森悦红阳猕猴桃

周至猕猴桃,消费者最熟悉的经典样貌,来自"中国猕猴桃第一村"

的名门望族。

尚进华特猕猴桃，长条形白毛猕猴桃，是普通农民彭尚进将野生猕猴桃改良而成的新品种。因维生素 C 的含量极高，华特猕猴桃——的口感有些偏酸，但这正是猕猴桃的本味。

森悦红阳猕猴桃，属中华猕猴桃中的红肉猕猴桃变种，红心光芒四射似太阳，故称"红阳"。

　　我国猕猴桃主要分布于华中地区的长江流域、秦岭及其以南、横断山脉以东地区。在新西兰大名鼎鼎的海沃德和黄金果之外，在中国的大山大河之间，有不少中华农人正在悉心地钻研着这些原生中国的猕猴桃，以打造出更适合市场、更适合中国人的味道。

秋之熟

第三章丨秋之熟

秋风果熟是丰碑。

秋季是丰收的季节，无论水稻、小麦，还是蔬菜、水果，最集中的上市时间在秋季。

北方的天空湛蓝，日照充足，昼夜温差加大，作物的成熟期需要这样的好天气，品质才能变得更好，糖分在瓜果中得以积累。

南方雨水渐少，日照对于柑橘、苹果等作物的后期转色、增糖降酸至关重要。

2018 年 10 月，在褚橙庄园的开园仪式上，褚时健的夫人——86 岁的马静芬老人说："但愿老天爷眷顾我们勤快，最后两个星期多出一些阳光，今年的橙子质量就会更好些。"

这就是农业，一年了，马上就要收获了，还是要期盼老天的眷顾。

做农业不易，无论是普通农人，还是大型公司，

一年的劳作与付出，都要等秋风来评判。

黑龙江五常的新米下来了，

云南哀牢山里的褚橙在转色，

甘肃的早酥梨熟了，

新疆的苹果在静静地积累冰糖心。

稻香、果香微醺在风中，

静待收获。

资料来源：Revue Horticole.

普通的神奇水果

有一种水果，日常生活中最常见，

现在，中国是它的第一大生产国，

但年轻人不爱吃，认为它是老年人吃的水果，

这也许不怪年轻人，因为今天它的品种太单调，大家吃到的基本都是一个品种。

在众多地方特有品种逐渐被一个品种一统江湖的时候，大家感觉丢失了小时候的味道。

还没猜出来吧，那就增加几个提示：

它诱惑了亚当和夏娃，

它启发了牛顿，

它重塑了乔布斯，

不知道何时起，中国人喜欢在圣诞节摆放它，美其名曰平安果。

这个普通的水果就是苹果。

苹果很普通，但为什么又说它是一种神奇水果呢？

先来听听这句俗语：一天一苹果，疾病远离我。

苹果真的有这么神奇吗？

资料来源：Revue Horticole.

苹果原产欧洲中部、东南部，中亚西亚以及中国新疆，是蔷薇科苹

果亚科苹果属植物，其树为落叶乔木。苹果的果实富含矿物质和维生素，

是人们经常食用的水果之一。

苹果是一种低热量食物，每 100 克只产生 60 千卡热量。苹果中营

养成分可溶性大，易被人体吸收，故有"活水"之称。

苹果品种数以千计，分为酒用品种、烹调品种、鲜食品种 3 大类。3 类品种的大小、颜色、香味、光滑度等特点均有差别。

苹果中的维生素 C 是心血管的保护神、心脏病患者的健康元素。吃较多苹果的人远比不吃或少吃苹果的人感冒几率低。所以，有科学家和医生把苹果称为"全方位的健康水果"，或称为"全科医生"。

苹果的性味温和，含有丰富的碳水化合物、维生素和微量元素，有糖类、有机酸、果胶、蛋白质、钙、磷、钾、铁、维生素 A、维生素 B、维生素 C 和膳食纤维，另含有苹果酸、酒石酸、胡萝卜素等。

所以说，"一天一苹果，疾病远离我"，是真的。

苹果喜欢阳光，光照充足才能生长正常。苹果树栽后 2 ～ 3 年开始结果，8 ～ 10 年进入盛果期。苹果树一般 4 ～ 5 月份开花，苹果果实发育期一般早熟品种为 65 ～ 87 天，中熟品种为 90 ～ 133 天，晚熟品

种为 137 ~ 168 天。苹果在生长期每亩地需降水量约 180 毫米，年日照不低于 2500 小时。秋季温差大，果实含糖分高，着色好。

现在大家在市场上能够看到的主要品种有：富士系、金冠系、乔纳金系、嘎啦等。

富士系是日本农林水产省果树试验场盛冈分场于 1939 年以国光为母本，元帅为父本进行杂交，历经 20 余年选育出的苹果优良品种，具有晚熟、质优、味美、耐贮等优点，于 1962 年正式命名，是世界上最著名的晚熟苹果品种。中国于 1966 年开始引进富士苹果，1980 年春安排在苹果主产区的多个试点进行系统观察和研究，如今富士系苹果在我国已发展近百万公顷⊖，在辽宁、山东、河北、北京、山西、陕西、新疆等地均有种植。

⊖ 1 公顷 =10 000 平方米。

金冠苹果又名黄香蕉、黄元帅、金帅，苹果中的著名品种，果实品质优良。金冠苹果个头大，成熟后表面金黄，色中透出红晕，光泽鲜亮，内质细密，汁液丰满，味道浓香，甜酸爽口。金冠在我国栽培面积较广，日照时间长、昼夜温差大的地方都适合其生长，我国辽宁、甘肃、新疆等地皆出产优质金冠苹果。

嘎啦苹果又名佳丽果，是苹果的一种，它由桔苹和元帅杂交而成，原产自新西兰，特点是果实鲜艳、肉质细脆、酸甜适口。嘎啦苹果经引进中国后，在甘肃、陕西、山东等省市均有栽培。

2019 年熊猫指南春季榜单上榜的三款苹果都是富士，这里我们不得不谈一谈农业现代化的进化悖论。

早在达尔文发表《进化论》提出"物竞天择"之前，华莱士已经提出了"物竞"的概念，也就是说自然界万物的进化是竞争带来的，多样性是物竞的基础，达尔文真正的贡献是天择。

在当今商品社会里，不仅中国，全世界都是如此，优势品种得到大规模种植，这已经不是物竞天择了，而是人工选择，利益驱使。苹果就是一个非常典型的例子。中国的苹果产量世界第一，甘肃、陕西单省拿出来，都是世界级产量，但这么人的产量，基本上都在种富士苹果。

为什么是富士

富士苹果果形大，颜色漂亮，易储运。渠道商把苹果直径大小作为评价标准，无形中助长了膨大剂、拉长剂的使用；消费者把好看作为评价标准，无形中助长了套袋、打蜡、包装的过度使用。商家更看重货架期，无形中放大了富士苹果晚熟、易于储运的特点，受到渠道商的追捧。而这一切选择的背后，都是商业利益，也就是说"物竞天择"变成了"人选利择"。

那么苹果好不好吃这件事，还有人关心吗？

当然有，但是当消费者关心苹果好吃的时候，选择余地已经不多了。于是，有人开始关注新西兰爱妃苹果、智利青苹果、美国红蛇果，其实它们的商品化属性更强，也是商业利益驱动的，一些小而美的地方特产品种，早就不在大家的视线里了。

苹果如此，农业中的很多产品，都面临着这个局面。

四川凉山州盐源县兴志丑苹果

辽宁省铁岭市凡河源寒富苹果

云南省曲靖市马龙县马龙歪苹果

怎么评价苹果的好吃

感谢今天的大数据，熊猫指南可以比较清楚地告诉大家，苹果作为日常水果，它的好吃是完全可以被评价的。以熊猫指南上榜的三款苹果为例。

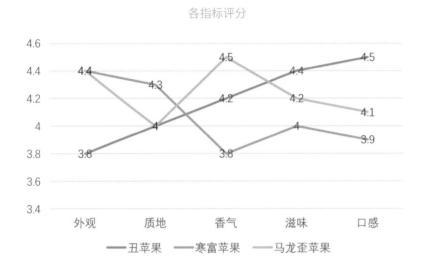

各指标评分

从外观、质地、香气、滋味和口感五大维度分析，盐源丑苹果最好吃，马龙歪苹果最香，各具特色，都是非常好吃的苹果了，只有一点遗憾，它们都是富士苹果。

随着中国消费升级，以及人们对于品质生活的追求，未来，消费者的需求终将转化为市场供应的多样化。

苹果将不再千人一面。

丑苹果燃青春

泸沽湖畔，产自大凉山里的盐源苹果，曾经在香港市场让美国"蛇果"备受冷落。但 40 年间，大凉山里的年轻人走了出去，不再回来，只留下老人侍弄苹果树，盐源苹果也早已没有了当年的风光。

大凉山自然环境优良，但山大沟深，交通不便，这里"盛产"的是没人关注的丑苹果和留守儿童。赵兴志也曾像很多年轻人一样，离开大凉山在外闯荡，过了几年幸福时光，但他的梦想，是把改变带回大凉山。

"外面的苹果都卖得那么好，可我们家里的苹果才几毛钱一斤。在我们村上，每家每户都是两个老人。父母拼命地种苹果，赚点钱给我们交学费，目标就是不再让我们回来，想一想，感觉特别心酸。"赵兴志对着镜头喃喃自语。

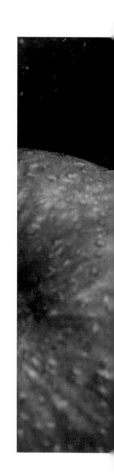

　　2011 年，赵兴志选择回到家乡种苹果，40 多年种植，盐源苹果早有了套袋、膨大剂这类高产的法子，但他不用，赵兴志想把当地特色"丑苹果"——冰糖心苹果重新带到外面的世界。父母不理解他，认为供他读书就是为了让他离开，他说："我把这个做起来，年轻人能回来，大家都能富起来。"

不理解是赵兴志遇到的最大的问题，他想要把老一辈施肥除草破坏的土地进行改良，父亲说他乱来，养土减收，乡亲们说他不懂种苹果，耽误了大家的收入。在他最难过的时候，说"众叛亲离"也不为过。

一起干事儿，比什么时候都有力量。他找到志同道合的同乡伙伴一起种苹果，没钱投入的时候，偷着拿户口本去信用社贷款，每个人就贷出来八千块钱左右。四个人加起来一共三万二，靠着这些钱，赵兴志和伙伴们搞起来几十亩土地。

他不断自学摸索，甚至跟专业人员了解土地和种植知识——泸沽湖畔的盐源，这片土地符合种苹果的全世界公认的七项指标，这里天然的气候环境适合种植苹果，水源靠近泸沽湖，本身就是山上的雪融化下来的。日照时间超过 3000 个小时，再加上海拔 2300 米到 2700 米形成的昼夜温差，都为冰糖心苹果提供了得天独厚的生长条件。

土地肥沃、种植得法，原本七八年才能结果的苹果树，在第四年的时候，就争气地开花结果了。没有套袋、接近阳光，苹果看起来不像以前那么光洁漂亮，但这"丑苹果"却天然绿色，没有农残，是很多人梦寐以求的健康之果。在丑苹果外表下，有颗冰糖心。阿克苏、山东等地的苹果糖分一般为 10 ~ 18 度，而这里的丑苹果，拥有 21 度的冰糖心。

兴志盐源苹果

登上熊猫指南榜单后，很多人慕名而来，冰糖心苹果被早早预订完。赵兴志的"痴心"和"成果"打动了更多人，相亲们纷纷来找他取经，一起打造匠心苹果。现在越来越多的年轻人返乡，开始幸福地和家人过生活，和土地做朋友，和丑苹果一起甜甜蜜蜜。

其实，在中国像赵兴志这样的匠心农人还有很多，他们散布于广袤的祖国大地，苦心经营着天然至味，他们或在黑暗中独行，或在无声中倒下，抑或小有所成，不论怎样，都值得我们推崇，值得我们致敬，致敬那些躬身土地、匠心做事的农人！同时也为了不让我们的农业成为"留守儿童"。

大米之路

我国是水稻的发源地之一，至今已有一万年以上的种植历史，在河姆渡遗址中就能看到 7000 年前古老的稻谷。

水稻是世界主要粮食作物之一，是世界上三分之一人口的主食。2017 年中国水稻种植面积约 3017 万公顷，稻谷产量 20 856 万吨。

水稻按亚种可分为籼稻和粳稻，两个亚种从外观属性、食味口感和种植分布上都有明显差异。简单说，籼稻多种于南方，外观细长，煮熟后米饭较干，泰国香米就是籼稻。粳稻多种于北方，生长期长，外观圆短、透明，东北大米就是粳稻。大家印象中可能觉得东北大米好吃，其实，根据熊猫指南的全国调查，好吃的大米南北都有，无论是籼稻还是粳稻。

水稻很神奇，在我们国家所有省区都有种植。想不到吧，从肥沃的东北黑土地到新疆的戈壁滩，从沿海的江浙沪到高原的云贵川，到处都有水稻的种植地。

以前国内外学者普遍认为中国的云南和印缅交界处是世界水稻的发源地，但近年来，随着大量考古发现，距今一万年前中国就开始栽培谷

物，中国的长江中下游地区才是稻米的发源地。

得益于中国的长江、黄河两大水系，距今七八千年前，中国大陆的原始农业已经比较发达，形成了南方的稻作农业和北方的黍作农业两大系统，其中，长江流域的水稻种植技术已经颇具规模。距今大约 4000 年前，水稻的种植技术经中国华南地区，更确切地说通过云南传到了东南亚。

中国—东南亚是稻米的主要传播之路。

中国—日本的稻米传播之路就晚多了。日本是当今最重要的稻米生产国之一，不是因为量大，而是因为质优。一般的说法是，日本的水稻种植技术是在公元前二三百年由中国大陆传过去的，后来逐渐成为日本人的主要粮食。据说，现在日本国内食用的大米超过 300 种，新潟县为

主的"越光米"超过了日本大米总产量的30%。

在日本，大米不仅是一种食粮，更是自古以来与日本历史、文化甚至精神密切相关的一种现象。

对食物的珍惜、对食材的尊重、对土地的敬仰、对自然的热爱，体现在日本人生活的方方面面。稻米在日本有些被神化了。在日本料理中，米饭既是美味的起点，也是决定一顿饭完美与否的句点。

时间像演了一场戏，一万年前稻米原生于中国长江中下游，4000年前经中国华南传到了东南亚，2000年前从中国传到了日本列岛。今天，我们还是世界上水稻产量和消费量最大的市场，但又贵又好吃的泰国香米、日本越光米反向流回了它的原产国——中国。

四十不惑

吃碗米饭对国人而言是一件再平常不过的事了。从耕地、播种、除草、收获，到去壳、淘洗、蒸煮、冒着香气被捧在手心，中国人的一日三餐都离不开这种晶莹洁白的天赐良物。不过，看似寻常的大米饭，真正成为中国人餐桌上的头号主角，也不是一件容易的事。

改革开放后，随着农村家庭联产承包责任制在全国的推广，我国的农业生产上了一个大台阶，粮食产量大幅攀升，全国大部分地区解决了温饱问题，才使得今天，我们能轻轻松松吃上一碗大米饭。

改革开放 40 年间，中国大米究竟经历了什么？让我们回顾一下"一粒米的前世今生"。

1978 年 11 月 24 日，家庭联产承包责任制诞生于安徽省凤阳县小岗村一间低矮残破的茅屋中，种下了中国农业改革开放的种子。

1982 年 1 月 1 日，我国历史上首个关于农村工作的一号文件正式出台，粮食种植引领农业地区走上脱贫致富的道路。

1992 年 4 月 1 日，广东在全国率先放开粮食的购销和价格，粮票正式退出历史舞台，宣告粮食短缺的时代一去不返。

1996 年，"杂交水稻之父"袁隆平主持超级杂交水稻培育计划。

2000 年，达成第一阶段单次水稻产量标准，每公顷产量超过了 10.5 吨。

2004 年，达到第二阶段产量指标；2012 年 9 月 24 日，第三阶段大面积每亩产量 900 公斤大关圆满攻克。

2004 年我国全面放开粮食市场，多渠道经营和严格市场准入相结合，让老百姓餐桌上的粮食，品类更加多样，品质更有保障。

2013 年农粮电商市场初现繁荣，得益于物流配送及仓储技术的高速发展，人们在家中动动手指就可以吃到"放心粮"。

中国的粮食进化之路，离不开 40 年间国人的勤奋与智慧，更离不开大自然馈赠给我们的肥沃大地。全世界仅有三个黑土区，第一块位于头号农业强国美国的密西西比平原，第二块是欧洲粮仓乌克兰平原，第三块就是中国的东北平原。黑土地自然肥力极高，其黏粒含量高并且湿时渗透性低，因此非常适合种植淹水的作物，比如水稻。东北大米名满华夏，也是顺理成章。

然而，中国的好大米，远不仅东北大米。

在熊猫指南的榜单中，我们为大家找到了曾经因为产量低而几乎退出市场，甚至面临消失的泰国香米鼻祖遮放稻，我们找到了传承千年的哈尼梯田红稻，以及与薰衣草一同生长的越光米，如今它们都受到了消费者的追捧和喜爱。

中华大地良物万千，其中，大米这一原生中国的古老物种，世界第一主粮，对国人来说太重要了，我们怎么能不了解它呢？结合熊猫指南的持续调查数据，我们介绍几款中国的优质大米，帮助大家知食，知真相。

改革开放 40 年了，中国稻米到了不惑之年。

稻米"封神榜"

最出名的一粒米——五稻皇五常稻花香大米

"中国大米看五常",如果说哪一款大米在中国最出名,一定是五常大米了。

东北作为"粮仓",盛产大米,其中名气最大的莫过于五常大米,五常自清乾隆年间有栽培水稻的历史记载以来,不到 200 年的时间里,就已声名鹊起,誉满天下。在中国品牌建设促进会等发布的"2016 年中国品牌价值评价信息"榜单中,五常大米品牌价值位列地理标志产品全国第五、大米类全国第一。

　　人们口中的五常大米，多指的是稻花香这一品种，具体说来，是采用稻花香 2 号稻谷进行种植加工的，属中晚熟粳稻品种。这个品种的稻谷是水稻种植专家田永太先生经过几十年摸索，2000 年在稻花香 1 号的基础上培育，并在 2004 年推广种植的。这种米以香味著称，甚至连叶子和稻花都是香的，这就是稻花香名字的由来。

　　"五常大米，不白，不好看，但好吃。一碗米饭倒到另一个碗里，空碗不挂饭粒，且碗内挂满油珠，剩饭不回生，这是支链淀粉含量高的优点。"田永太曾经这样评价五常大米，"五常大米成饭食味清淡略甜，绵软略黏，芳香爽口，饭粒表面油光艳丽。"

最浪漫的一粒米——辽宁鸭绿江越光米

越光米源于日本名贵稻种，根据日本谷物检定协会的统计，越光米占日本特 A 米市场的 43.48%，高于紧随其后的一见钟情、秋天小町、日之光、海努贵四大名米的综合。熊猫指南上榜的这款中国越光米扎根辽宁东港丰沛水域，生长自国家级湿地保护区，与白鹭舞动为邻，与薰衣草摇曳共生，阵风轻拂，香氛交融。

最神仙的一粒米——元阳梯田红米

元阳红米是云南六大名米之一，生长在世界遗产名录——红河哈尼梯田景观之中，仙境人间，传芳千年。还要重点说明的是，梯田红米最大的特点是基因的稳定性。现代稻种虽然比红米高产多了，但一般 3 ~ 8 年即被淘汰，因为在追求高产的过程中，不利于高产的基因都被剔除了。梯田红米则不同，沿承古老品种，世代耕作，自然晾晒，沿袭至今，因而保留了基因的多样性，这就是元阳红米品质不衰的奥秘。

最高耸的一粒米——谷魂遮放贡米

"下关风、龙陵雨、芒市谷子、遮放米",云南德宏的遮放贡米是滇西四大风物之一,明代钦定贡米,山泉灌溉,株高两米,傣族先人骑着大象方能收割。遮放贡米是泰国香米的鼻祖,是公认的云南顶级大米,数量稀少,品质优异。新蒸的米饭入口芬芳,如谷神在舞,白润如玉,实乃世间珍品。

回溯改革开放，

纵观大江南北，

身为稻米王国的子民，

我们真的应该好好了解一下手中的这碗米，

知食来之不易，

知食本源之味。

越过沙丘

中国的所有省份都种植水稻，甚至在内蒙古的沙漠里，也能种植水稻，听起来是否匪夷所思，但这是真的。

2019 年熊猫指南春季榜单中，上榜的优质大米很多，既有泰国香米的鼻祖云南遮放米，也有最受市场欢迎的东北五常大米，但最感动熊猫指南认证官的米是沙米———一款生长于内蒙古奈曼旗沙漠中的大米。

如果我们评选最英勇的一粒米，也只有内蒙古奈曼旗沙米配得上这个称号。沙米来自科尔沁沙漠腹地，百公里无污染源，世界首块产业化沙漠种植稻米让荒漠回归绿洲，取自天然，反哺自然。

很多人不理解，沙漠上怎么可能种水稻呢？其实沙漠分为不可种植沙漠和可种植沙漠，可种植沙漠前身是草原，经风化后变成沙漠，含有有机质，地下水也极其丰富。早在 20 世纪 90 年代，内蒙古一位叫严哲洙的教授便尝试推广沙漠种植水稻技术，但当时生产条件有限，老百姓也只是房前屋后种一点改善口粮，没有大规模推广。

沙米位于内蒙古通辽市奈曼旗白音他拉镇，由于当地得天独厚的昼夜温差和光照条件，沙米品质优于其他产区。在调研过程中，我们偶然遇到了滕飞。

"明月别枝惊鹊,清风半夜鸣蝉。稻花香里说丰年,听取蛙声一片。"

这是脍炙人口的《西江月·夜行黄沙道》的上阕，由南宋词人辛弃疾所作。虽然词的名称中有"黄沙道"，不过稍微有点儿理智的人都明白，这样的景色和"黄沙"扯不上半毛钱关系，"黄沙道"不过是吴侬软语的鱼米之乡里，机缘巧合所得的地名而已。

如果有部时间机器，让才华横溢的辛弃疾从南宋穿越到当代科尔沁沙地腹地的白音他拉苏木，他天纵奇才的想象力和创作力或许会呈现新的飞跃。因为在那里，一种亘古未有的奇观如同海市蜃楼般不可思议地铺展在眼前——漫漫黄沙中，万亩良田如天外飞地般安静地平卧，绿油油的稻田在湛蓝的天空下由近到远，随着微风摇摆激滟。蜂蝶轻舞，穿梭在平整的田埂间，飞鸟振翅，隐现在起伏的绿波中。当夜晚降临，漫天的星光唤醒第一只青蛙的喉咙，引起难以平息的连锁反应，万顷良田

瞬间变成这群爬行动物的表演舞台，交响曲从红霞漫天的傍晚一直持续到晨曦初显，置身其间的诗人，一夜间由北国，梦回江南。

这不是空想家的痴人呓语，而是科尔沁沙地一角的真实写照，是"沙米"这一极具特色稻米的产地。

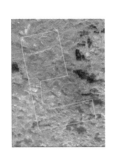

15 年前　　　　　10 年前　　　　　2018 年夏天

白音他拉苏木，现隶属于内蒙古通辽市奈曼旗，在蒙古语里，意思是"富饶的草甸子"。不过，"富饶"一词，已经很久与此地无缘了。历史上，位于科尔沁草原腹地的白音他拉苏木的确水草丰茂，风吹草低，但近代自然环境的变迁和人为的过度放牧，使草原逐渐退化，沙漠一寸一寸地侵袭了原本富饶的良田和牧场，让这里逐渐成为中国最大沙地的组成部分，虽然那层层叠叠的沙土下面，还隐藏着不甘的水层和悸动的沃土。

2013 年，滕飞从黑龙江大庆驱车近 800 公里，第一次踏上了这里的土地。

迎接他的，不是"大漠孤烟直"的壮观或"一川碎石大如斗"的凄厉，而是无孔不入的细沙，包括那一片将他动力十足的宝马 Z4 陷进去不得动弹的沙丘。

在此之前，滕飞进过机关，做过北漂，当过老板，人生的起伏远甚于科尔沁的沙丘，不过大多数时候，他都精致体面——天蓝色西装、米白色马甲和浅蓝色衬衣上的香水——成功人士如果有标配，他十有八九是装备齐全的。只不过这片日渐衰退的沙漠有自己的脾气，它似乎想把对现在不如意处境的愤怒发泄到每一个到访者身上，这里面，当然包括

腾飞。

只不过，这一次，它失算了。

腾飞没有走，而且陆陆续续，带来了更多人。

只不过作为全国重点贫困县，这片沙地能提供给腾飞众人的资源屈指可数。除了一望无垠的沙地，还有烈日当空的曝晒，以及一年刮两次，一次刮半年的狂风。

但非常之人总能为非常之事。

1972 年，新加坡旅游局给当时的总理李光耀打了一份报告，大意是说新加坡除了一年四季直射的阳光，什么名胜古迹也没有，要发展旅游事业实在是没有任何优势。李光耀看过后在报告后面批示道：你想让上帝给我们多少东西？阳光，有了阳光就足够了！

腾飞想要的，这片土地也都有了。

应许之地

摊开中国地图，将那一条闻名遐迩的 400 毫米等降水量线由南向北画出来，会发现科尔沁沙地，被这条标志着半湿润和半干旱区的地理分界线穿堂而过。这意味着，科尔沁沙地的年降水量并不像人们想象的那么匮乏，甚至在某种程度上说，是充足的。当地有一条谚语：沙有多高，水有多高，描述的就是科尔沁沙地地下水位线较高的状况——有些地方，只需要向下打几米，就能发现地下水。

阳光，更是优质水稻必不可少的条件。

科尔沁沙地光照充足，尤其是在 5 月初到 10 月底，这段"沙米"生长期内，短暂而急促的降雨与漫长而充足的日照叠加，昼夜温差较大的特点，都为稻米内长链淀粉的累积提供了得天独厚的条件。这里一年的积温保持在 3200℃左右，与之相比，著名大米产区黑龙江省的最高积温是 3000℃。

而重中之重是地。我国有八大沙漠、四大沙地。科尔沁沙地作为我国最大的沙地，退化时间较晚，土壤富含硒等有机质，植被恢复的难度较小，尤其是对于想要发展有机农业的滕飞而言，白音他拉苏木周边百公里内未曾有重工业的历史，使得这片广袤的土地和水源幸运地躲开了重金属污染，而水对重金属有极强的吸附性，传统的稻米产地，基本难逃被荼毒的命运。

　　"老天爷不给饭吃"和"老天爷赏饭吃"，中间只有薄薄的一层窗户纸，滕飞来这里，就是要戳破它。

　　"不承包500亩不足以表明决心！"原本打算承包300亩做试验田的滕飞，在县长的"胁迫"下，开启了敢教日月换新天的征程。如今到白音他拉苏木，有整齐笔直的公路，有高耸矗立的电线，有规划统一的厂区，而在滕飞和他的创业伙伴入驻的5年前，只有一个简易的50平方米左右的工棚，人数最多时，有近47个人在沙土半掩的工棚进进出出。工棚外，则是数十台大型机械的轰鸣，那些铲车和卡车，将一片片沙丘推平，又挖出一片片1米左右的大坑。随后，科技和传统农业在这里交汇，共同将上万亩沙地，改造成了阡陌纵横的良田。

非典型农民

滕飞将"沙米"的主体公司简称为"新中农",意味新时代的中国农民。体面、有知识、懂科技,骨子里是现代企业家,从某些方面看,滕飞实现了这个初心。

沙米的种植,是现代农业科技的成果。例如地下覆膜技术,这种为了防止沙地渗水的技术在 20 世纪 90 年代就有农业专家研究开发,但在实际应用中,由于经营理念的滞后和成本收益的限制,规模化、机械化的种植一直未能普及。而滕飞和他的团队,站在前人的肩膀上,将其发扬光大并持续改进。他们在地下 80 厘米到一米的地方,铺上特制的塑料膜,到池埂部分才露出来,接着将土壤推回,做成了一个"蓄水池",这层薄膜能够保持 30 ~ 50 年不烂,极大地提高了水资源的利用效率。而在平整土地方面,又引进了以色列的激光校准仪,发明了世上独一无二的激光土地精平机,改变了过去只能凭借农人感觉把控土地平整度的状况,并将过去每两小时一亩的效率提高到了每小时六亩的高度,最可贵的是,误差不超过 3 厘米。15 项专利和 4 项发明,这是滕飞在"沙米"生产过程中的"副产品",却也是"主推力"。

滕飞的稻田里,吸收了周边近 300 个农民的劳动力。这些在土地上

躬耕了一辈子的农民，最开始不能理解的，不仅是这些科学技术带来的改变，还有那些看似吃力不讨好的"笨活儿"。

如果凑巧，在去往沙米种植基地的并不宽敞的道路上，你会遇到浩浩荡荡的车队，首尾相连绵延上百米，一般人都会远远地躲开，因为车上装载的，是从周边牧民家中收购的"粪肥"。科尔沁沙地里的牧民，或许在遥远的过去把它们晒干后当作燃料，但没人想过这些被反刍动物咀嚼数遍又经历肠道洗礼的排泄物会成为发家致富的手段。5 年来，伴随着沙米种植面积的不断扩大，滕飞的稻田对这些肥料的需求越来越大，前后仅在收购动物绿肥上，就投入了超过 1000 万元的资金。

鲁迅或许要改一下自己的名言：我吃下去的是草，挤出来的是奶，

拉出来的是金啊！

而当稻子开始生长的时候，烈日曝晒的田野里经常又出现一片奇景，数百人戴着草帽，弯着腰，像筛子一样在稻田里向前推进，他们在做一项几乎已被现代规模化农业彻底抛弃的工作——拔草。因为拒绝使用现代除草剂，和稻子一起撒欢儿生长的还有杂草，这些杂草是搭便车来的，动物粪便里存留的草籽周而复始地造访，用顽强的生命力和水稻争夺养料与水分，拔了一茬又一茬，蒿了一垄又一垄。

不使用化肥，不使用除草剂、除虫剂的后果之一，就是产量始终在低位徘徊。当科学试验田里的水稻，在生长期 100 天出头，亩产已经突破千公斤的时候，沙米在经历 160 余天的漫长生长期后，亩产还不到

200公斤。

从最初的500亩，到现在的一万余亩，滕飞的沙米种植基地正在科尔沁沙地的腹地推广开来。除了供不应求的销量，俞敏洪、京东的投资，来自官方的、民间的赞誉也接踵而至——"年度全国食品安全管理创新案例优秀奖"，首批入围"银饭"的稻米产区和品种，熊猫指南2018秋季榜单上榜一星农产品……

而最让滕飞自豪的，是在科尔沁沙地纵横交错的沙地里，随风摇曳的绿色稻田，和稻田下已经开始积累起来的肥沃土壤。这片历史上曾经诞生过红山文化，走出过孝庄皇后，乾隆皇帝三度踏足的土地，正在穿越时间，重现自己在自然生态上的辉煌。

枣尚好

　　枣是原产中国的传统名优特产树种，经考古学家从新郑裴李岗文化遗址中发现枣核化石，证明枣在中国已有 8000 多年历史。

　　枣树在我国的栽培历史源远流长，距今已有 3000 多年的栽培历史，在远古时代，枣就与桃、杏、李、栗一起并称为"五果"，《齐民要术》《本草纲目》等古书中都有关于红枣的记载。

　　枣树有"铁杆庄稼"之称，具有耐旱、耐涝的特性，是发展节水型林果业的首选良种。其维生素含量非常高，有"天然维生素丸"的美誉，具有滋阴补阳、补血之功效。

　　枣除供鲜食外，还可制成蜜枣、红枣、熏枣、黑枣、酒枣、牙枣等蜜饯和果脯，还可以做枣泥、枣面、枣酒、枣醋等，产品附加值高。

　　红枣营养价值丰富，有果品中"补品王"之称。干枣含糖达55%～80%，粗蛋白2.92%，粗纤维2.41%，粗脂肪2.41%。在氨基酸组成方面，枣果中含有16种氨基酸，其中包含8种必需氨基酸和幼儿不能合成的精氨酸与组氨酸。研究表明枣中果糖与蜂蜜中果糖含量接近，并且枣中钙、磷、铁的含量比其他果品高。枣中环磷酸腺苷、芦丁的含量也较高。

　　"新疆冬枣"产自世界水果优生区的核心中央区——新疆塔克拉玛干沙漠南缘，位于新疆最南端，地处北纬36.6°～37.1°，是世界公认的"水果优生区域"。长达10小时的日照为新疆冬枣提供了更充分的光合作用，全年长达210余天的无霜期，使新疆冬枣的成熟期更长，相比同类产品具有以下特点：皮薄、肉脆、糖度可达近40%。

冬枣大姐的冬枣之味

初次见面，冬枣大姐身着一件宽大的条纹 T 恤，戴一顶男性特征极为明显的帽子，让人第一眼感觉有股侠客之气。大姐的"座驾"是一辆皮卡，拉人拉货，无惧颠簸。她的肤色黝黑中发亮，完全对得起新疆高强度的日照，在我们抵达烈日曝晒又毫无阴凉之地的枣园之后，就更能理解了。

冬枣大姐本名张秀英，是一位来自北京的空姐，如今身在新疆的农人。大姐一张嘴极为浓重的"京腔儿"，如果不是地域特性摆在眼前，

会误以为身在京郊的一片枣园。

早在 2009 年，冬枣大姐和她老公在退休后偶然来到新疆，在喀拉亚尕奇村承包了 400 亩冬枣地。本想是退休后打发时间的闲暇时光，谁曾想，这一待，就是 10 年。

作为一个外行的农人，开始的时候并不平坦。2010 年经历的第一个冬天，便赶上一场少有的冻害，6 万多棵冬枣苗只活了 200 棵，当时一起创业的朋友即时返回了城市，只有她们夫妻俩商量后，决心继续留在这戈壁滩上。

冬枣夫妇一边摸索，一边学习，2012 年开始给枣树做了嫁接，又搭建了防冻大棚。但在大风、冻害的肆虐下，每年仍然死去很多树。在不断的投入和改进下，冬枣夫妇最终卖掉了北京的三套房产，一共卖了 600 万元，由于资金需求急，这个价格远低于当时的市场价。

如今冬枣大姐早已过了当初的彷徨和紧张时期，现在他们对于冬枣的种植有一套自己的心得，枣树在他们的照料下更是郁郁葱葱，大批订单在成熟前基本都已有了着落。但如何能打造出自己的品牌，能利用互联网电商让更多爱吃枣的人买到她的枣，是她下一步想要攻克的难题。

"梨" 不开它

和枣最搭的水果是什么呢?

是梨吧,宋代的理学大师朱熹在《答许顺之书》中讲到了囫囵吞枣的典故。

中国梨树栽培历史悠久,据考证,梨在我国有着 3000 多年的经济栽培历史。在 2000 年前,梨已成为中国普遍栽培的果树,不仅有了大量栽培,而且有了好品种。梨古称蜜父、快果、玉乳等,有"百果之宗"的美称。

梨在世界水果总产量中居第五位,在中国居第三位。我国是梨属植物的原产地之一,资源非常丰富。现在普遍栽培的白梨、砂梨、秋子梨都原产于我国,全国都有梨树的分布,其中西北、华北最多。

在长期的自然选择和生产发展过程中，我国逐渐形成了具有典型地方特色的四大优势产区：环渤海（辽、冀、京、津、鲁）秋子梨、白梨产区，西部地区（新、甘、陕、滇）白梨产区，黄河故道（豫、皖、苏）白梨、砂梨产区，长江流域（川、渝、鄂、浙）砂梨产区。据统计，其中产量较多的省份有辽宁、山东、河北、江苏、安徽、山西等。渤海湾地区、黄河故道地区以及西北高原地区，已形成"鸭梨""酥梨""雪花梨""秋白梨""香水梨"等品种的商品基地。长江中下游地区成为砂梨的主产区。广东、广西、西南、内蒙古、青藏高原等地区，则在迅速发展中。

目前，我国有 14 个种、2000 余个品种，种质资源非常突出。我国各地都有自己的优势品种，如河北的"鸭梨""雪花梨"，山东的"莱阳茌梨"、黄县的"长把梨"，安徽的"砀山酥梨"，新疆的"库尔勒香梨"，辽宁的"南果梨""早酥梨""苹果梨""锦丰梨"，四川的"金花梨"等。通过优良品种适地适栽，可以充分发挥品种优势和地域优势。

人们喜欢梨，不仅因为其营养丰富，还因其有一定的药用价值。古人对梨的治病作用评价说，"生者清六腑之热，熟者滋五脏之阴。"据《本草纲目》记载："梨可润肺、凉心、降火，解疮毒、酒毒。"

随着消费升级，我国居民消费逐渐由吃饱向吃好转变，"好吃"越来越成为消费者关注热议的话题。熊猫指南对梨进行了大范围调查、实验室检验及感官测评，在上榜的梨中，秋月梨和库尔勒香梨的食味值最高。

其中秋月梨是 2002 年从日本引进的新品种，个大，果形端正，商品果率高。秋月梨名称的由来是其果形圆润如满月，色泽呈金黄，又时值中秋上市十分应景，故名秋月梨。汁水丰富是秋月梨的一大特点，普通梨品汁水含量在 75% 到 80% 之间，但秋月梨的汁水量高达 85%。咬一口在嘴里，口齿相交汁水便爆炸开来，余味悠长留存唇间，实在太爽。切一块秋月梨，在手中一握，汁水也会爆炸而出。

库尔勒香梨果型小，呈圆卵形或纺锤形，表面有一层蜡质。不知道的人可能会误以为是打了蜡，其实是香梨天然的蜡质层。库尔勒香梨肉质细腻酥脆，汁多味甜，近核部微酸，完熟后有香味，可溶性固型物含量 11% ~ 14%，品质极佳。香梨在新疆这样昼夜温差大的区域才能种出其特征品质，不适合在其他地区随便发展种植。在新疆库尔勒，千年香梨史，百年香梨人，十年香梨树，才造就了一颗颗好香梨。

华山梨和翠冠梨的食味值也不错，品种优势明显。

华山梨又名花山，是韩国用丰水和晚三吉杂交育成的新品种。华山梨的突出特点是够大够甜。

华山梨果实圆形，平均果重 300 ~ 400 克，为特大果形，最大单果重 800 克，果皮薄，黄褐色，套袋后变为金黄色。果肉乳白色，石细胞极少，果心小，可食率 94%，果汁多，含可溶性固形物 13% ~ 15.5%，是韩国梨中含糖量最高的品种之一，肉质细脆化渣，味甘甜，

翠冠梨称"六月雪"，属砂梨系，特点是不好看，但好吃。

翠冠梨果形大，果实近圆形，果皮黄绿色，外表颜值不高，"我很丑但我很甜蜜"。翠冠梨果肉呈白色，果核小，肉厚质细嫩爽，汁丰味甜，风味带蜜香，别有滋味。一句话总结翠冠梨的味道，可以说清脆爽口更美味。

在四川省成都市金堂县赵家镇三烈村龙泉山下的小丑梨种植园中，散养的香猪也爱吃这种梨，那画面也是一道有趣的风景。

千子如一

中国人视石榴为吉祥物,以为它是多子多福的象征。古人称石榴"千房同膜,千子如一"。民间婚嫁之时,常于新房案头或他处置放,切开果皮、露出浆果,亦有以石榴相赠祝吉者。石榴还是民族团结的形象代言。

石榴,原产巴尔干半岛至伊朗及其邻近地区,全世界的温带和热带都有种植,在我国有非常悠久的种植历史,最早可以追溯到汉朝时期。目前我国石榴栽植面积 175 万余亩,位居世界第一位。

石榴品种繁多，产地主要分布在四川会理、云南蒙自、陕西临潼、安徽怀远、河北元氏、山东枣庄峄城等地。其中四川会理、云南蒙自、山东枣庄峄城有"中国石榴之乡"的称号，目前蒙自是全国最大的石榴连片种植生产区。

石榴分软籽和硬籽，果实营养丰富，维生素 C 含量比苹果、梨要高出一两倍。石榴脂肪、蛋白质的含量较少，果实以品鲜为主。

熊猫指南 2019 年春榜共上榜 6 款石榴：成润农业软籽石榴、榴颜软籽石榴、会理琴鑫石榴、会泽盐水石榴、白富瑞石榴、蒙生石榴。其中软籽 4 款，硬籽 2 款。

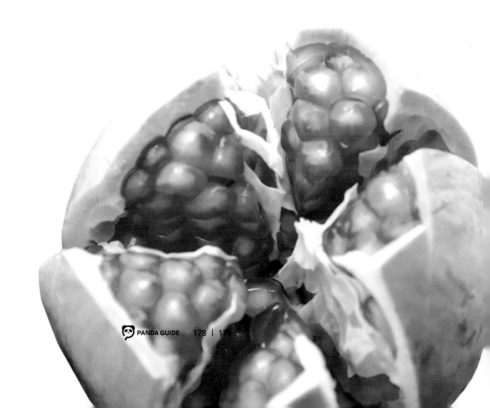

会理琴鑫石榴

产自中国最大石榴产区——四川会理，富含矿物元素

会泽盐水石榴

醉别盐水石榴甜，客居他乡夜夜思

蒙生石榴

获总理好评的云南蒙自石榴

冬之蕴

第四章 | 冬之蕴

中国幅员辽阔，最北端位于漠河，北纬 53 度 33 分，最南端位于南沙群岛的曾母暗沙，北纬 3 度 52 分，也就是说纬度横跨 50 度。当北方冬季的西北风刮起来的时候，南沙群岛始终是炎炎夏日。当然，最适宜人生存的要数亚热带了，温暖湿润，适合动植物生长。

冬季的北方，

北国风光，千里冰封，万里雪飘。望长城内外，惟余莽莽；大河上下，顿失滔滔。

冬季的江淮，

早已不是孤舟蓑笠翁，独钓寒江雪的年代。随着经济的高速发展，冬季的市场供应极大丰富，除了阴冷的天气，江南的生活依旧活色生香。

冬季的海南，

则成了候鸟一族的迁徙地，东北话和东北菜快要成为海南岛的标配了。

但无论冷暖，冬季的中国绝不孤单，

这注定是国人最热闹的一个季节。

因为有春节，中国人工作了一年，换得各种积蓄蕴藏，

该回家过年了。

属于冬季最温馨的画面永远都是一家人聚在温暖的屋中，围炉而

坐，或斟或饮，有说有笑。

春节过后，

春风吹来，

周而复始。

中国人的"麦片文化"

在世界各地的大城市，大家吃到的东西貌似非常丰富，但实际上正相反，越来越单一。例如，我们每天都吃大米，早上我们吃米粥，中午吃米线，晚上吃米饭，其实，我们吃的营养结构没有变。城市里吃到的又多是精制大米，表层营养所剩无几，等于我们吃的就是能量，吃的就是淀粉团。

中国如此，西方也是一样，其背后的驱动力是大规模商品化。单一化才有利于标准化，标准化才有利于规模化，现代社会的商业法则导致城市里人们的饮食不是多样化，而是趋同，不论加工方式有多少种，我们的饮食结构在趋同。

自然法则却正相反，多样性才是自然之道，这不仅包括物种的多样性维持了大千世界的平衡，也包括饮食的多样性维持了人体的健康。

西方大城市里的人和我们一样，也躲不开大规模商品化的食材供应，但西餐早餐的麦片文化，值得我们借鉴。一杯牛奶，里面放七八种谷物，早餐的营养丰富度和食物结构的多样化都有了。

什么是我们中国人的"麦片文化"呢？

中国是世界上农耕文明历史最悠久的国家之一，我们的祖先世世代代劳作繁衍在华夏大地上，我们的饮食文化如此悠久灿烂，怎么会忽视食物多样性的问题呢？其实，我们有自己的麦片文化，那就是五谷杂粮，我们的先辈世世代代就是吃这些食物的，我们每个人的基因里都有对它的记忆。

所谓五谷，"稻黍稷麦菽"，也就是水稻、黏米、小米、小麦、豆类的统称。其实，我们中国的五谷杂粮远不止于此，而且都是很好的健康食材，城市里的人在无法回避大规模商品化供应的同时，只要适当增加一些五谷杂粮。我们中国人的"麦片"比西方的"麦片"更健康，更多元。

熊猫指南在真选天赐良物的途中，发现了不少优质的五谷杂粮，介绍给大家。

稻 = 稻谷 = 大米 = 大米饭

这个大家可能是最熟悉的，中国大部分地区都是以米饭为主食。稻子多指水稻，是草本稻属的一种，属谷类，也是稻属中作为粮食最主要最悠久的一种。稻子原产于中国和印度，7000 年前中国长江流域就种植水稻。北方是一年一熟或者是两年三熟，南方是一年两熟，或者一年三熟。

水稻所结籽实即稻谷，稻谷脱去颖壳后称糙米，糙米碾去米糠层即可得到大米。与水稻相对应的是旱稻，又叫陆稻，由水稻在无水层的旱地条件下长期驯化演变形成的一个生态型，适应在旱地栽培，也能在水田或洼地种植，产量一般低于水稻，出米率低，米质亦较次。籼米和粳米是两种广泛食用的大米，北方多种植粳米，南方多种植籼米。粳米多

是椭圆形，如水晶米、珍珠米、东北五常大米等都属于粳米。籼米的外

形则为细长，如长粒香米、泰国香米等。

籼米

粳米

糜子 = 黍子 = 黄米 = 黏豆包

看到黏豆包，大家可能会想到酸菜氽白肉、东北乱炖……对，黍子和糜子是一种东西，标准学名 Panicum miliaceum L.，禾本科、黍属一年生草本第二禾谷类作物。全株由根、茎、叶、花序、颖果（种子）等几部分构成。

糜子籽实叫黍，淡黄色；磨米去皮后称黍米，俗称黄米，为黄色小圆颗粒，直径大于粟米（即北方俗称的小米），一般分为糯性和非糯性的；黍米再磨成面，俗称黄米面，糯性的黄米磨成的面就是东北黏豆包的主要原料。

稷 = 谷子 = 小米 = 小米粥

社稷这个词大家一定熟悉，但它是什么意思呢？社稷是土神和谷神的总称，社为土神，稷为谷神，是以农为本的中华民族最重要的原始崇拜物。稷，说得通俗一些就是大家平时吃的小米。

谷子，属禾本科的一种植物。古称稷、粟或粱，属于一年生草本植物，也就是一年一种的意思，谷穗一般成熟后金黄色，卵圆形籽实，粒小且多为黄色。

你吃的小米粥啥颜色的啊？

小米粥当然是黄色的。

错啦，其实小米有白色的、绿色的，还有黑色的，当然最多的还是黄色的。

谷子在蜡熟末期或完熟期收获，此期种子含水量约 20%，95% 谷粒硬化，收割、晾晒、风干后脱粒，去皮后的谷子俗称小米。粟的稃壳有白、红、黄、黑、橙、紫各种颜色，俗称"粟有五彩"。所以小米不是只有黄色，还有其他颜色的。中国的黄河中上游为主要栽培区，其他地区也有少量栽种，根据其生长期的长短可以分为早熟、中熟和晚熟品种，现在常见的品种有大白谷、黄金苗、沁州黄等。

麦子 = 小麦 = 馒头

小麦与玉米、稻米并称世界三大谷物，产量几乎全作为食用，仅约有六分之一作为饲料使用。小麦的颖果经过加工、研磨后就变成了我们看到的面粉，是馒头的主要原料，除此之外还可以做面包、饼干、蛋糕、面条、油条、油饼、火烧、烧饼、煎饼、水饺、煎饺、包子、馄饨等。

大家可知道蒸馒头的面粉和做面包、糕点的面粉的区别吗？为什么商家会在面粉包装上区分饺子粉、面包粉等？

实际上小麦的品类很多，有不同的大小、形状及颜色。小麦分为冬麦和春麦，冬麦种植于温带地区，在秋天时播种；而春麦则生长在有长冬的地方，它在无霜的春天播种。小麦又可以分为硬麦和软麦，硬质小麦蛋白质含量高，一般用于生产高筋粉；软质小麦蛋白质含量低，用于生产低筋粉。

低筋面粉适合做蛋糕、饼干、蛋挞等松散、酥脆、没有韧性的点心。中筋面粉用于做馒头、包子、烙饼、面条、麻花等大多数中式点心。高筋面粉用于做面包、饺子、比萨、泡芙、油条、千层饼等需要依靠很强的弹性和延展性来包裹气泡、油层以便形成疏松结构的点心。

大家在动手前，买对原料很重要。

棒子 = 玉米 = 窝头

棒子,全称玉米棒子,其实就是玉米!这个大家都很熟悉,除此之外还有很多别名,如苞谷、苞米、包粟、玉菱、苞米、珍珠米、苞芦、大芦粟等,总之都是我们知道的那个玉米。

可以整穗吃鲜玉米,也可以晒干脱粒后做成粥吃,就是东北常见的大碴粥,将玉米粒破碎成小渣后再做粥,就是常见的棒渣粥,再继续研磨成面后,就是东北窝头的主要原料,真是一物多吃啊。玉米味道香甜,可做各式菜肴,如玉米烙、玉米汁等,它也是工业酒精和烧酒的主要原料。

茭子 = 高粱 = 高粱米饭

茭子，最不熟悉的一个名字，那高粱呢，做主食大家可能不熟，做酒就熟悉了吧，茅台、五粮液、泸州老窖这些都是以高粱为原料做成的酒。高粱，禾本科一年生草本植物，喜温暖，抗旱，耐涝。按性状及用途，高粱可分为食用高粱、糖用高粱、帚用高粱等类。中国栽培较广，以东北各地为最多。

糖用高粱的秆可制糖浆或生食；帚用高粱的穗可制笤帚或炊帚；嫩叶阴干青贮，或晒干后可作饲料；颖果能入药，能燥湿祛痰，宁心安神。其属于经济作物。

其他杂粮＝苦荞、燕麦、藜麦、青稞……

近年来，随着人们对养生和健康的重视，很多以前不在大家视线之内的杂粮类农产品逐渐回到了厨房，受到越来越多的关注。

燕麦又称莜麦、油麦、雀麦，是西餐麦片的主要成分。莜麦随着西贝餐厅的推广走进了各大城市，苦荞茶（尤其是黑苦荞，也就是鞑靼荞）成了保健饮品，藜麦的主产区在青海，以前无人问津，现在知名度明显提高了。在西藏的雪域高原，还有藏民必不可少的青稞。

青稞是禾本科大麦属的一种禾谷类作物，又称裸大麦、元麦、米大麦，主要产自我国西藏、青海等地，在青藏高原上种植约有 3500 年的历史，生长期约 4 个月，具有耐寒、耐旱的特点。青稞是藏族人民的主要粮食。青稞营养丰富，把它炒熟后磨成粉制成的糌粑是西藏四宝之首，糌粑和酥油茶同时食用，发热量大，充饥御寒。用青稞制成的青稞酒，也是藏民最好喝的饮料之一。

原本普普通通的青稞，藏民赖以生存的家常食物，近年来被医学界广泛研究，甚至成为糖尿病患者的推荐配餐之一。

现代科学研究发现青稞具有丰富的疗效纤维类营养及药用保健价值。研究表明，青稞食品符合现代"三高两低富硒"，即高蛋白、高纤维、

高维生素、低糖、低脂肪，且富含微量元素硒。青稞还富含 β–葡聚糖、母育酚、γ–氨基丁酸（GABA）、多酚类物质、支链淀粉等物质，其中胆固醇含量为 0。

青稞的 β–葡聚糖在麦类作物中含量最高，据检测，青稞 β–葡聚糖平均含量为 6.57%，最高可达 10.4%，是小麦平均含量的 50 倍。β–葡聚糖长期摄入具有降血脂和降胆固醇的作用，因此可以预防心血管疾病，同时控制血糖，防治糖尿病，预防和控制肥胖症，防治结肠癌。

藏民简单枯燥的食物无形中维持着他们的健康，也许是物竞天择的自然选择，也许是执着信仰的天赐恩泽，青稞不仅为藏民提供了能量，也送去了健康。

终"橙"正果褚一斌

嘎洒，嘎洒

褚橙基地在哀牢山上，山下几百米，红色的嘎洒江流过，河谷深切云贵高原。这条江是云南大山中一条野性的河流，也叫元江，在中越边境的越南老街流入越南。进入越南之后，它有个更广为人知的名字——红河。

元江河谷是我国干热河谷气候的典型代表，褚时健在这里种植褚橙成为"橙王"之后，元江河谷已经成为云南大规模的经济作物种植带。

嘎洒，一座花腰傣族聚居的小镇，坐落在哀牢山脚下。

　　褚橙的新掌门人是褚一斌——褚时健的独子，他出生时褚时健正被

打成右派，在嘎洒公社"改造"。

　　褚一斌 55 岁，他的装束和褚时健在橙园工作时一样，贴身穿着背

心，外头套一件衬衫，只不过褚一斌没扣扣子，显得更随意一些。褚时

健在这个年纪时，正在玉溪卷烟厂厂长任上，他正在欧洲大陆考察，并

谋划贷款进口卷烟设备。

　　翻看褚时健的老照片，我们不难发现父子二人的相同之处：皱纹都

深深地刻在脸颊之上，但眼神里还是有笑意。

　　望着哀牢山，褚一斌回忆起自己的前半生经历："我生在村里，小

学在嘎洒公社，中学在玉溪地区，大学到了省会昆明，兜兜转转就没出

过云南。"这正是父亲褚时健给他留下的印记。

哀牢山里应该藏了很多秘密，但藏不住的，是褚时健起落的一生、励志的晚年，以及整个褚氏家族未来的命运。

2012 年，85 岁高龄的褚时健给褚一斌打了一个电话，褚一斌回到了云南。

不给人，不给钱，不给技术

回到云南之前，褚一斌在外"游荡"了 25 年——他去日本留学，在新加坡定居，去南美洲、非洲考察，在北美广交朋友。他赖以为生的手段，是投资股票。

回到云南之后，褚一斌先是在山上待了一年，从果树种植、修剪、施肥、浇灌等工序一点点学起，真正静下心来研究农业。

褚一斌自己选了一块基地，2015 年年初，保山市龙陵县的 8000 亩土地完成流转，统一归至褚一斌公司名下，公司沿袭了褚橙庄园基地加农户的开发模式。但对于褚一斌这块基地，褚时健不给人，不给钱，不给技术，要他自己闯一闯。

褚一斌的基地离缅甸只有 20 多公里，当他开车前往基地的时候，一路上怒江就在路边的峡谷里奔腾。去基地的路程惊心动魄，褚一斌曾经载着华中农业大学校长、柑橘领域科研带头人——邓秀新院士前往勐糯镇指导，到达龙陵基地之后，邓秀新说："我以后还会再来，但我带的那些博士，估计不敢再来了。"

我们试着问他为什么会让自己屡屡"涉险"，褚一斌说："痛、快。"他用这两个字描述父亲褚时健的一生，也用这两个字讲述自己几十年的境遇，让这个家族故事在励志的同时，又多了些侠客的味道。

在龙陵基地，褚一斌没有照搬褚橙基地的种植模式，他首先放弃了矮化密植，这毕竟是褚时健当年不得已的办法，褚橙在这件事上也"吃了亏"——2015年褚橙质量下滑，到了2016年，他们砍掉了37 000棵果树，从株距1.5米修剪到3米，保证每颗橙子都能吸取足够的阳光和养分。

除此之外，龙陵基地还引进了国内外优质杂柑、脐橙、柠檬、柚子等数十个品类，希望筛选适合本地气候、土壤条件的品种推向市场，打造新的品牌。褚一斌一直试着扩大褚橙的产品线，2015年，他从越南挑选了红心青柚，将其命名为"褚柚"，在天猫叫卖；他还在曲靖市龙马县规划过苹果种植基地。

在这块基地，褚一斌摸索出了褚氏农业未来实现轻资产运作的方式——不再租地，而是输出种植生产管理和品牌管理。褚时健打造的"作业长"制度在我国农业种植上第一次实现了现代化的农产品质量管控，在8000亩的龙陵基地，褚一斌也实施这一制度，他会用人，甚至可以"批量"培养作业长。

终"橙"正果

褚橙并不是因品种优异而出名的水果，这种水果是原产于湖南黔阳县（现为洪江市）的普通冰糖橙。褚时健按照工业方法做农业，用家族的名字做品牌，依靠科学管理和产品质量管控，种出了适合中国人口味的褚橙。他利用哀牢山的海拔、温差和日照，针对性培育汁水丰富、清甜滋味突出、化渣口感好、易剥皮、果形果色漂亮的高原冰糖橙。

和褚时健将冰糖橙的种植科学分解不同，褚一斌更加感叹生命的复杂，他说种橙子是生命与生命之间的交流。除了自己的学习摸索外，他也曾救助于科学，他希望除了坚守褚家的梦想外，也能注入更新鲜的血液。

父子两代在思维上不同，或许正是褚时健起起落落的经历让他有了这样一个面对物种的态度，而褚一斌还在学着去感悟。

2018 年 1 月 17 日，褚橙庄园。

在褚时健 90 岁的家庭聚会中，褚家完成了交接址，褚一斌被家族推到了前台。

2018 年 11 月，北京，新华社。

褚一斌和彭尚进、赵兴志一起，获颁熊猫指南"农业大师奖"。他们三人共同的特点是，凭着匠人精神种出了中国人自己的优异农产品，让普通的水果不再普通。他们没有停止脚步，在自己成功的同时，还在造福乡里。

褚一斌说，他曾经参加几位富二代的谈话，席间的话题是如何守住父辈的基业和荣耀，他对此颇为不屑："那你自己的人生在哪里？"

这些年，褚橙的广告语一直是："人生总有起落，精神终可传承"，期待五年之后的"褚橙"。

网红水果爱媛 38

冬季的水果并不多，主要以柑橘类为主。11 月、12 月是柑橘类水果集中上市的时间，不同种类的橘、柑、橙、柚让人眼花缭乱。不过，最近柑橘类家族中有个网红脱颖而出，大有成为"柑橘女王"的趋势，这就是爱媛 38。

爱媛 38 到底是什么神仙水果？有什么特别之处？爱媛 38 在柑橘类家族中处于什么地位？熊猫指南通过感官评价，对 8 款爱媛 38 和其他 7 款柑橘类水果进行了横向、纵向的盲评比对，对这款网红橙进行了详细分析。

爱媛 38 是这款水果的品种名称，民间俗称"果冻橙"，这个名称已经透露了它的特点：果肉晶莹 Q 弹似果冻，汁水无敌丰富，无核少橘络，可以用勺子挖着吃，甚至直接用吸管吸食。

爱媛 38 由日本爱媛县引进，南香和西子香杂交育成。爱媛古称伊予，位于日本四国的西部，气候温暖，由于坡地较多，雨水较少，适宜于果树园艺和畜牧业的发展。爱媛的"伊予柑"和"爱媛蜜橘"全日本闻名，柑橘产量日本第一。

爱媛38在柑橘家族中是什么地位

为了便于比较，也为了公平，我们随机挑选了一款爱媛 38 作为代表，跟整个柑橘家族比较。

先来看外形：大小上，爱媛 38 在整个柑橘家族中处于中间位置；颜色上，虽然柑橘类家族颜色各异且相差明显，但爱媛 38 是最接近颜色值中"橙色"这一色彩的。从水果剖面图我们就可以感受到爱媛 38 的魅力：无籽、橘络少、皮薄、果肉细腻透亮。

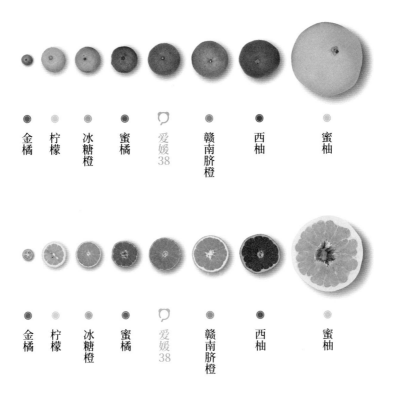

再来看感官评价结果：我们从果皮易剥离程度、香气、甜味、酸味、苦味、含水量、橘络化渣七个维度，依据排列法，依次对这七种柑橘做比较。从结果来看，爱媛 38 在七个维度的整体表现还是很不错的：苦味最低，橘络化渣最高（数值越高代表橘络入口后易吃程度越好，简单粗暴地说，数值越高越好），果皮易剥离程度第二，含水量第二。

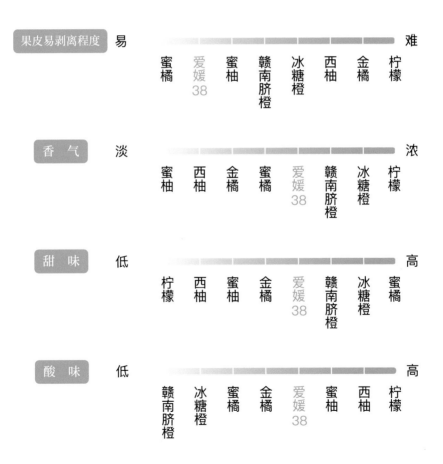

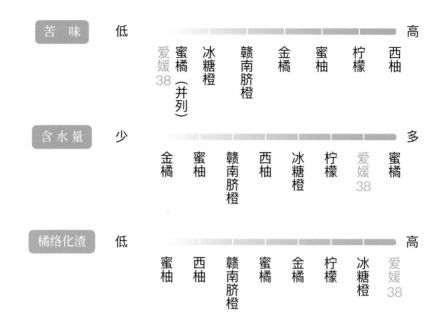

苦味　低 ———————————— 高
爱媛38　蜜橘（并列）　冰糖橙　赣南脐橙　金橘　蜜柚　柠檬　西柚

含水量　少 ———————————— 多
金橘　蜜柚　赣南脐橙　西柚　冰糖橙　柠檬　爱媛38　蜜橘

橘络化渣　低 ———————————— 高
蜜柚　西柚　赣南脐橙　蜜橘　金橘　柠檬　冰糖橙　爱媛38

　　结合产品照片和感官评测结果，我们基本可以得出爱媛38的四大特点：皮薄易剥皮，无籽少橘络，汁水丰富，口感细腻。

　　吃一个爱媛38，从剥橙子开始，恐怕就要准备几张纸巾了，手掐下去稍微一用力，橙皮就会开口，汁水好不容易找到一个缺口，立马会喷涌而出。一口下去，汁水没有任何征兆地爆满口腔，满嘴甜蜜弹牙的果肉根本兜不住，如果嘴唇闭得不够紧，汁水立马就会顺着嘴角流下来。果肉掺着汁水，在牙齿和口腔间来回游荡，牙齿咬下去立马被果肉弹开，就像嘴里咬开一个果冻。

爱媛 38 到底哪家强

对比完爱媛 38 和其他柑橘类水果的不同之后，我们要进行第二项比较，也是最实用的比较：爱媛 38 到底哪家强？

测评方式：熊猫指南与中国农业大学食品学院感官品评团队合作，对爱媛 38 进行了感官评测。在盲评的情况下，此次感官测评采用描述性分析法和排序法相结合的方法，针对外观、质地、口感、滋味、香气等维度进行全面的分析。

采样方法：线上电商渠道购买（8 款爱媛 38）+ 线下商超水果店购买（其他 7 款柑橘类水果）。

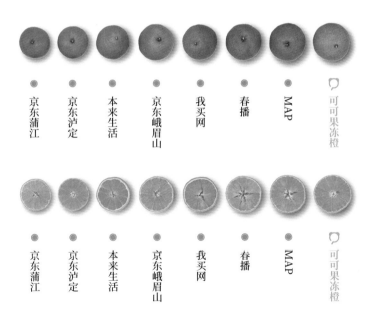

京东蒲江　京东泸定　本来生活　京东峨眉山　我买网　春播　MAP　可可果冻橙

京东蒲江　京东泸定　本来生活　京东峨眉山　我买网　春播　MAP　可可果冻橙

由于品种一样，我们买到的 8 款爱媛 38 在大小、颜色、外形上基本没有太大差异。不过对比剖面图我们仍然可以很明显地看到这 8 款产品在果皮薄厚和橘络多少上的差别。这一轮，可可果冻橙完胜。

接下来看感官评价的部分，由于是同一个品种，我们选择酸度、甜度和含水量三个维度进行对比分析。

含水量：8 款产品含水量从高到低排列依次是，可可果冻橙 > 春播 > 京东泸定 >MAP> 本来生活 > 京东峨眉山 > 我买网 > 京东浦江。此结果虽然只是一次随机测评，但也具备一定的参考价值。

甜度和酸度：这也是大家最关心的问题，我们把甜度和酸度的数据放在一起，建立起一个十字坐标。

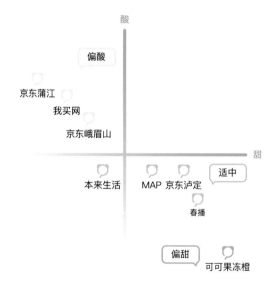

　　根据感官评价结果，京东峨眉山、京东浦江和我买网三个品牌的爱媛 38 整体偏酸而甜度不足；MAP、京东泸定、春播和本来生活四个品牌的酸甜度比较均匀适中；而可可果冻橙在甜度上一骑绝尘，且酸度极低。酸还是甜，这是一个因人而异的问题，不过看完这张图，大家就可以根据自己的口感去选择适合自己的爱媛 38 了。

　　在各项数据中全面领先的可可果冻橙，就是熊猫指南二星上榜产品。可可果冻橙，产于湖北荆门二级水源保护区漳河水库岛屿和半岛屿上，环境优越，走在种植基地里面，让人觉得既是果园，也是田园。

　　种植基地的位置决定了可可果冻橙整个种植过程要严格按照有机种植标准进行。管理者引进爱媛 38 品种与温州蜜橘树作扦插，珍视种植环境，熟悉种植管理，实现了每一个果从田间到餐桌全程质量可追溯。爱媛果冻橙吸天地之灵气，汲日月之精华，口感优异，值得长期关注。

一片痴心在金橘

柳州，广西第一大工业城市，中国五大汽车城之一，是全国唯一拥有一汽、东风、上汽和重汽等四大汽车集团整车生产企业的城市。与柳州的工业一样让人印象深刻的，还有柳州的美食。螺蛳粉自然不用多说，柳州融安还有一种金橘，曾让美国著名的外交官司徒雷登赞叹它是"上帝的水果"。

小小金橘，柑橘类糖度最高

跟随熊猫指南认证官的脚步，我们来到柳州融安县大将镇富乐村，去探访融安的滑皮金橘。

从高速下来，驱车又行了 20 分钟，缓缓进入了富乐村。进入村子之前要先通过浪溪江的一段水系，江水碧绿清澈，天正好下着小雨，湿润氤氲，一瞬间有一种错觉，仿佛来到江南水乡。村子很宁静，路上时不时出现一群群散养的小鸡，不算宽的乡间小路两旁尽是一片片的金橘果树。

此时是 9 月底，滑皮金橘虽然还没有完全成熟，但是已经呈现出和普通金橘明显的不同。和普通金橘相比，这种滑皮金橘有几个显著的区别。

1. 叶片形态不同

滑皮金橘(叶片正面)

滑皮金橘(叶片背面)

对比可以看到（略小一些的是滑皮金橘的叶子），普通金橘的叶子无论正面还是背面均有大大小小的颗粒，而滑皮金橘的叶子要光滑许多，摸上去会有更明显的感觉。

2. 气味不同

普通金橘闻起来有一股较重的油脂味，而滑皮金橘闻上去更多的是清香味。

3. 果实外形不同

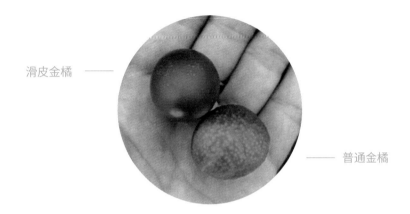

滑皮金橘 ——

—— 普通金橘

顾名思义，滑皮金橘，自然果实果皮要顺滑很多。我们分别摘了一颗普通金橘和一颗滑皮金橘，对比就可以看到明显的差别。普通金橘就像发育中的青少年，满脸痘印；而滑皮金橘更像个成熟后的美人，皮肤光洁，脸蛋圆润。

4. 口味不同

食物最重要的是味道。普通金橘是有一种酸涩味道的，而滑皮金橘全无酸涩感，皮薄肉厚、细腻少核、甜脆多汁。滑皮金橘的甜度能够超越以甘甜著称的桂圆，最高可达 28.7%。就一般人的口感来说，15% 的甜度就已经很甜。

　　当地人把滑皮金橘誉为"上天赐予的礼物"，也正是融安特有的自然环境气候成就了绝无仅有的滑皮金橘之味：山间 15℃的早晚温差使得金橘内在的糖分累积下来，浪溪江的水温适度赋予了金橘嫩脆的口感，天然富硒土壤滋养了金橘更多元的营养。

　　其实，融安滑皮金橘的得来也始于偶然。1981 年，一位农技人员在当地一片老金橘果园里发现一枝金橘从形状到纹理都与众不同，摘下品尝后倍加欣喜，这枝结下的金橘果子没有了最影响金橘口感的油、麻、酸，只是清香甘甜的口感更加突出。通过长期的改良，才有了现在滑皮金橘的味道。

农痴"田间科学家"

融安滑皮金橘能有现在的知名度，很大程度上得益于韦成兴——这个融安县大将镇富乐村的党支部副书记，他既是专注融安金橘的发明家，也是一位产业家。他阅读了大量金橘和农业的书籍，为的就是把金橘种好。凭借着辛苦钻研，在 20 世纪 90 年代平均产量只有 400 千克左右的时候，韦成兴家的金橘亩产量就可以达到 1500 千克。

作为一个文化程度并不高的农人，韦成兴先后在国家一级专业杂志上发表了两篇论文，拥有多项国家专利。后来他又参与制定了《地理标志产品 融安金桔》技术规程和《金桔》国家标准（GBT33470—2016）。现在的韦成兴已经是个名副其实的农痴"田间科学家"。

大雅之芹

这两年，在一些高端餐厅的菜单上，常常能见到这一菜品：马家沟芹菜。山东的"土特产"，一下子登上了"大雅之堂"。

马家沟芹菜是中国芹菜空心类型中具有浓郁地方特色的优良农家品种，已有1000多年的栽培历史。作为在风味上不算十分诱人的蔬菜，一款芹菜如何能博得广大消费者的喜爱？

据传，明正德年间，村民贾士忠由山西省洪洞县迁到平度城西南关居住。他的后裔寻找适宜种植芹菜的地方。一日，来到马家沟，但见此处是沃土，沟渠较多，常年有水，而且水质纯净，是种植芹菜的理想之地，于是即在此处安家生计，忙于田间种植芹菜。后经几代人的试验种植，叶茎嫩黄、梗直空心、棵大鲜嫩、清香酥脆、营养丰富的马家沟芹菜即闻名遐迩了。

产业化之后，马家沟芹菜还曾"上天下海"：搭乘过"神舟七号"遨游太空，随"蛟龙"号载人潜水器下潜南印度洋进行过重压试验。主打产品也发展出"玻璃翠"和"水晶心"等。熊猫指南一星产品西马沟芹菜，最脆嫩的部分掉在地上会像玻璃一样碎开，并弯曲成马蹄的形状，这也是"玻璃翠"得名的原因。

定义好吃

第五章 | 定义好吃

中国是美食王国，何以证明？

悠久的历史是第一证明。世界四大文明都是大河文明，尼罗河养育了古埃及文明，两河流域滋润了古巴比伦，印度河造就了古印度，长江和黄河是中华民族的母亲河。作为四大文明古国中唯一延续至今的国家，在两条大河之间，蕴藏着无数的美食，养育了中华民族世世代代繁衍至今。

地理的丰富是第二证明。中国是世界上国土面积第三大的国家，地貌变化最大的国家，从经度上横跨 62 度（5 个时区），地貌从高原、沙漠到平原、海洋，从维度上横跨 50 度，气候从寒温带、温带到亚热带、热带。中国既是陆地大国，也是海洋大国，无论地理多样性，还是动植物多样性均世界领先。

灿烂的文化是第三证明。多民族的中国文化灿烂，而且是四大文明古国中唯一持续至今的国家。中国人又是世界上最善于记录的民族，我

们的四书五经、县志家谱、墓葬收藏、诗歌戏曲无不记录着中国的文化体系。中国人发明了筷子，餐饮体系影响了东方。中国人把餐饮变成了礼仪，把饮茶变成了文化，这些都有凭有据。

丰富的饮食是最强的证明。北京簋街的"簋"是商州时期的食器，宋代张择端的清明上河图描绘了繁荣的市井生活，画中餐饮店面多达四五十个。四大古典名著之一的《红楼梦》还是一部中国餐饮的高级食谱。八大菜系、满汉全席代表了中餐的理论体系和极大丰富。

还有一个有趣的佐证，恩格尔系数 (Engel's coefficient) 是食品支出总额占个人消费支出总额的比重，它有一个规律：一个国家越穷，每个国民的平均收入中(或平均支出中)用于购买食物的支出所占比例就越大，随着国家的富裕，这个比例呈下降趋势。然而这个系数在中国广东失灵了，广东的经济指标遥遥领先，但恩格尔系数却拖了后腿，原因是广东人太爱吃了。

如此之中国，当然是美食王国。

好吃有标准吗

2018 年 11 月 1 日，中化集团宁高宁董事长做客新华网，接受新华社刘正荣副社长专访，谈到中化为什么要推出中国优质农产品榜单"熊猫指南"。

他说，中化集团将"熊猫指南"称为"优质农产品的米其林、匠心农人的奥斯卡、中国品质农业的标准普尔"。感谢我们共同经历的改革开放 40 年，当前的中国，吃饱已经不是问题，吃的食物越来越丰富也越来越好。但是，也总有一种担心，不知道这个是否更好，那个是否更安全。其实，中国有很多非常优秀的农产品，但不广为人知，一些匠心农人在苦心经营，但不为人所信。这是中国农业的痛点，是中国消费升级的痛点。中化集团"熊猫指南"这张优质农产品榜单，正是通过独立、科学、公正的调查，来告诉中国消费者，什么农产品好，在哪里，为什么好。这是我们这个时代需要的，是向往美好生活的国人需要的。

那么，我们又是如何判断农产品好坏的呢？

在国际上，世界各国都接受法国人的"红酒风味轮"和美国人的"咖啡风味轮"。在日本，从 1951 年开始，就有第三方检定机构日本谷物检定协会（KOKKEN）对大米进行食味值评价。但在中国，对于好不好吃这件事还是一件"萝卜白菜各有所爱"的事情，并没有标准。

"熊猫指南"诞生以来，不仅脚踏实地、科学公正地寻找好产品，还在寻找的过程中，积累和输出了大量知识与数据。关于如何定义"好吃"，熊猫指南团队已形成了自己的知识产权。

熊猫指南面世一年来，围绕中国人对食材的话语权，研发出"熊猫风味轮"，积累食材测评大数据和个人喜好大数据，就是为了告诉国人，好吃是可以被定义的，非标准的农产品也可以有标准化的评价方法，无论进口农产品，还是国产农产品，我们中国人有自己的好吃定义和标准。

"食味值"被定义了，性价比就可知可信了，相信在不远的将来，"熊猫指南"会把属于中国人的"好吃"定义不断告诉国人。当然，"好吃"之后，还有营养健康，英文中的"you are what you eat"，就是说一个人对事物的选择，说明了这个人的生活状态和环境，这是一件每日发生三次的普普通通的小事，也是影响大家健康与寿命的大事。

小米测评

有一句俗话说得好，不好吃的食物都是相似的，好吃的食物却各有各的好吃。

日常生活中，每当我们吃到好吃的，大多只能用一句"真是太好吃了"来表达喜悦，但是怎么个好吃法，具体好吃在哪儿，通常是很难说清的。

熊猫指南怎么"定义好吃"呢？这背后有一套评测体系，叫作感官评价。

"食物好不好吃"这个问题对食品工业至关重要，也研究得最深，通过测量、分析、解释味觉、触觉、视觉、嗅觉和听觉五个纬度的评分来对食物好不好吃进行评价，渐渐发展了一门叫作感官评价的学科。

要解决"定义好吃"这样的难题，熊猫指南与国内顶尖感官评价研究机构合作，针对我国农产品品质评价需求，建立了一套科学的评测体系。

感官科学初体验

以测评小米为例，实验室招募的感官评价员在正式上岗前，都需要经过味觉、嗅觉等方面的专业评测，培训要经历半年到一年的时间，光是溶液就要喝 600 杯以上，最后只有 1% ~ 5% 的测试者可以成为合格的感官评价员，通过评测的人才有资格进行感官评价。

那么小米的测试内容都包括什么？我们先来看看题目。

味觉测试 1——三点检测：在三个样品中选择与其他两个味道不同的样品。

味觉测试 2——排序测试：对提供的四项样品，按其甜味从小到大进行排列。

嗅觉测试——描述测试：嗅闻样品，给出其气味的描述词。

蕴藏各种稀奇古怪味道的样品

三点检测还不算太难，味觉正常的人都不会有太大问题，可是将四种样品的甜味进行排列就有些难度了，不光需要辨别能力，还需要精细地对味道进行赋值。嗅觉测试更不容易，在 15 ~ 20 种香精中将气味准确地描述出来，例如分辨橘子味、橙味、柠檬味、柚子味，那细微的区别就让我们的测试者纷纷败下阵来。

但这三个测试只是海量测试中比较简单的一部分，可见，想当一个合格的吃货，不是那么容易的。

感官测评

做实验就要有实验室，为了保证感官实验的科学严谨，感官科学实验室是依照国际相关标准设计建立的，主要有四个区域：一是试验准备区，主要用于工作人员准备测试样品；二是品评测试区，主要用于评价员品评样品；三是讨论区，主要用于评价员讨论和培训；四是仪器室，用于摆放分析测试仪器；有条件的实验室甚至还有专供评价员调整状态的休息室。

感官科学实验室的品评测试区是主要的实验场所，由 10 ~ 20 个一米见方的小隔间构成，防止评价员在测评过程中互相交流。每个人的桌

面上有一个带龙头的小水池，方便评价员取水漱口。每个隔间都有灯光，一般为白光，但是这次实验为了避免小米的颜色干扰品评结果，采用了红色灯光，让人感觉仿佛进入了未来世界，正在进行某一项了不起的实验研究。

测试将小米做成小米粥，中粮营养健康研究院感官科学实验室的实验员依据大量专业评测指标，如"玉米香""鸡蛋香""回甜""口感细腻""粉质感"等，对三个样品进行评分。

从最终测试的结果来看，熊猫指南甄选出的优质小米还是 PK 掉了市售的小米，整体数据有明显的领先优势。

好吃是可以被定义的

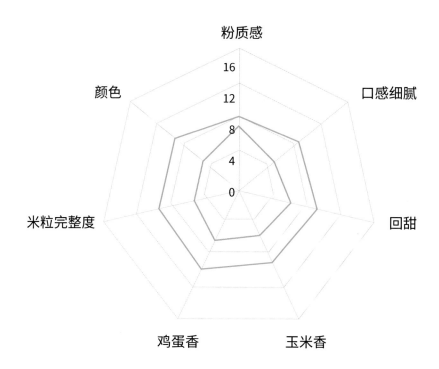

通过"玉米香""鸡蛋香""回甜""口感细腻""粉质感"这五项指标，对"如何界定一种食物好吃"，是有专业的评价可依据的。

熊猫风味轮

我们生活在信息时代，每天被海量的信息包围，信息也改变了我们的生活，左右着我们的选择。每个普通人每天都在不停地吃、不停地喝，我们自己就是美食的体验官。

前文介绍的感官科学，让我们知道好吃是有评价方法的。但提到定义好吃，很多人依然认为不可能，因为这是个非标准的事情，每个人的喜好、口味都不一样，很难统一。相同的农产品在不同的地方种出来，又千差万别，淮南为橘淮北为枳，把这么多非标准的东西标准化，这也太难了吧。

也就是说，好吃不好吃，不仅仅是科学问题，还是个人喜好问题。

农耕文明曾经冠绝全球的中国，"味蕾经济"如今方兴未艾的中国，把农产品好吃这件事说清楚，有那么难吗？

基于 85 万公里的寻找，2500 项大数据，500 项实地调查，200 多套实验室检测，以及为期一年的个人喜好大数据搜集，熊猫指南在"笨功夫"的基础上，运用现代化的大数据，研发了属于咱们中国人自己的"定义好吃"的方法——熊猫风味轮体系。

什么是熊猫风味轮

感官评价技术（Sensory Evaluation）起始于 20 世纪 40 年代，迄今为止已经建立了完善的理论体系和应用方法。它的一个主要工具，就是风味轮（Flavour Wheel）。大家可能听说过红酒风味轮、咖啡风味轮，但除此以外，基本没有了。

在产业升级、消费升级的中国，进口农产品冲击国产农产品的情况下，好吃还是不好吃，对中国农业已经成为一个重要的问题，对老百姓的日常生活也具有实际意义。

熊猫指南通过专业测评＋消费者验证模式来定义好吃

熊猫指南用科学的感官评价体系将模糊的好吃体验转化为精准的数字化信息，什么好吃，哪里好吃，好吃程度，一目了然。

简单地说，熊猫指南采用国际通行的感官评价标准体系和标准方法，与中国农业大学、江南大学、国家粮食局科学研究院、中粮营养健康研究院等众多顶尖实验室合作，对品种繁多，产地各异，品质参差的大量粮食、水果、蔬菜的样品进行测评，开发对某个品类农产品的标准化评价方法，从外观、风味、口感、滋味、质地等感官指标中找出与好吃相关的评价维度，构建它的风味轮。

基于建立的标准化评价方法和风味轮体系，熊猫指南还要与第三方测评机构合作，对各个维度评价指标进行量化和标准化工作，建立一把可以科学准确评价农产品品质的尺子。

例如，在感官品评梨子的时候，我们的专家评价员就必须根据不同的属性逐一进行训练，让评价员反复训练品尝 5% 蔗糖水 =5 分，16% 蔗糖水 =15 分，在等标度情况下，其他浓度的蔗糖水应该在哪个分值，如 10% 蔗糖水 =？当评价员每一项训练达到一致后，才能开始进行检测，这就相当于人也是仪器，在使用仪器前要对仪器进行校准，保证数据真实可信。

获得科学、客观、准确的农产品品质评价数据只是第一步，让消费者认可这些客观测评数据，是熊猫风味轮需要实现的第二个目标。

同样的农产品，当只有两个人品尝的时候，由于个人味觉喜好的不同，就可能会得到不同的评价。如果有更多的人来参与品尝，大家对样品进行初始的消费者喜好度打分，情况就不一样了。我们会得到农产品好吃不好吃的统计学规律，这样就能表明它是否好吃，好吃程度如何。

当测评的人数继续增加，结合品尝者的个人信息进行大数据分析，我们还可以得知这个农产品什么人喜欢，男人喜欢还是女人喜欢，南方人喜欢还是北方人喜欢，18 岁喜欢还是 28 岁喜欢，收入 5000 元的人喜欢还是收入 1 万元的人喜欢，他们喜欢这个产品的前五项指标是什么。

最终熊猫指南通过测试平台上消费者真实的喜好数据对专家的测评数据进行互相校核，实现定义好吃。目前，熊猫指南希望熊猫风味轮广为人知，广为人用，诚挚邀请大家来帮我们不断校核和优化熊猫风味轮，咱们一起努力，定义中国人自己的好吃标准和方法。

以 2018 年夏天比较火的"阳光玫瑰葡萄"为例，介绍一下熊猫风

味轮。

阳光玫瑰，别名夏音马司卡特，为欧美杂交种，由日本果树试验场安芸津葡萄、柿研究部选育而成，近年来开始陆续引入我国，进行栽植试种推广。阳光玫瑰呈现椭圆形，黄绿色，果面有光泽，果肉鲜脆多汁，有玫瑰香味，品种优势明显。

2018 年夏秋之际，市场上的日本、韩国进口阳光玫瑰，动辄一斤几百元人民币，国产阳光玫瑰也卖到几十元到一百元一斤。

大家普遍觉得阳光玫瑰好吃，但怎么说清楚呢？

用下面的"熊猫葡萄风味轮"说明，就一清二楚了。其中，消费者只要知道第一级的外观、滋味、风味、口感和质地就可以了，而到了第四级就有一百多个测评维度了，各个维度的评价结果汇总到最后就是一个评价分数。在这个分数的背后，是科学、繁杂的熊猫风味轮的理论基础。

熊猫指南上榜产品云南锦瑜阳光玫瑰得分较高，排在前五位的指标分别是：甜度足，果皮薄，无籽，外观诱人，有特别的香味。有了熊猫风味轮，我们评价任何两款阳光玫瑰都可以实现标准化。

普通消费者可能没有兴趣解读熊猫风味轮和个人体验大数据等这些复杂的数据，而希望获得越简明越好的农产品品质信息。因此，熊猫指

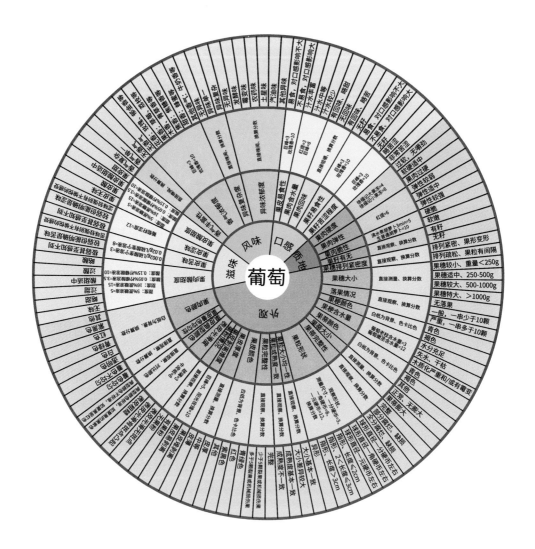

熊猫风味轮(葡萄)

南正致力于建立一套叫作"熊猫品评"PANDA TASTE 的感官评价结果呈现系统，从这些复杂的数据中提炼出人们最关心的指标，以通俗易懂的呈现形式，通过电子标签和移动互联网等现代化信息渠道，将这些感官评价结果精准地告知消费者，帮助大家选购适合自己口味的农产品。

怎么样？来吧，咱们一起定义中国农产品的好吃，让消费者说了算。

附录

熊猫指南春榜三星产品

OUTSTANDING

熊猫指南2019年春榜完整榜单

陆侨无核荔枝 | 熊猫三星极佳 (Outstanding)

并蒂双生是无核，富硒出自长寿乡

单位名称：**海南陆侨农牧开发有限公司**

采收时间：5月 ~ 7月

⊙ 海南海口市澄迈县桥头镇南山水库

⌖ 从海口市出发，途经海口绕城高速、海南环线高速，全程共计70.3千米，耗时约56分钟

🛒 京东众筹 | 本来生活 | 工商银行融E购 | 13807586884（卢双年）

桃太萌油蟠桃 | 熊猫三星极佳 (Outstanding)

20年的坚守，创造出戈壁滩上的极致美味

单位名称：**新疆水果大叔农业科技有限公司**

采收时间：7月 ~ 8月

⊙ 新疆库尔勒市阿瓦特农场

⌖ 从库尔勒市出发，途经机场路、迎宾路，全程共计10.3千米，耗时约19分钟

🛒 真的有料 | 西域女儿果淘宝独家代理店 | 18610117167（于海洋）

熊猫指南春榜二星产品

富乐园金橘 | 熊猫 二星优异 (Excellent)

采收时间：12月 ~ 3月

农痴"田间科学家"的坚守，让滑皮金橘成为融安名片

单位名称：融安县富乐园水果专业合作社

📍 广西壮族自治区柳州市融安县大将镇富乐村

🧭 从南宁市出发，途经泉南高速、三北高速，全程约385.7千米，耗时约 5 小时 20 分钟

🛒 13597272030（韦成兴）

可可果冻橙 | 熊猫 二星优异 (Excellent)

采收时间：11月

孕育自国家二级水源保护区，可以用勺子挖着吃的"果冻"橙

单位名称：可可（荆门）农业股份有限公司

📍 湖北省荆门市漳河新区漳河镇肖岗村二组

🧭 从武汉市出发，途经福银高速、麻安高速，全程约 398.2 千米，耗时约 5 小时 12 分钟

🛒 微信公众号"橘岛庄园" | 15629775559（上颖）

桃本桃油桃 | 熊猫 二星优异 (Excellent)

采收时间：6月 ~ 7月

回归桃子本来的味道，还原自然农法的精髓

单位名称：三个臭皮匠（临沂）电子商务有限公司

📍 山东省临沂市沂南县岸堤镇艾山东村

🧭 从临沂市出发，途经双岭高架路、京沪高速，全程共计82.7千米，耗时约1小时25分钟

🛒 Ole′ | 企鹅优品 | 有好东西 | 19953823666（刘元强）

华鲜生秋月梨 | 熊猫 二星优异 (Excellent)

采收时间：9月 ~ 10月

秋月甘怡爆汁，清香久留唇间

单位名称：青岛华鲜生农产品专业合作社

📍 山东省青岛市莱西市河头店镇矫格庄村南

🧭 从青岛市出发，途经青银高速、龙青高速，全程共计126千米，耗时约1小时38分

🛒 春播 | 梅子淘源 | 18669818567（汇荣华）

鑫湖东东魁杨梅 | 熊猫二星优异 (Excellent)

采收时间：5月～6月

东方一颗魁梧星，多汁酸甜天赐物

单位名称：石屏县湖东杨梅专业合作社

📍 云南省石屏县坝心镇异龙湖南岸中段

🧭 从玉溪市出发，途经翠大线、通建高速，全程共计约153.1千米，耗时约2小时42分钟

🛒 13987365649（杜增华）

八宝贡大米 | 熊猫二星优异 (Excellent)

采收时间：9月～10月

只能在八宝河地区种植的神秘明清贡米

单位名称：云南八宝贡米业有限责任公司

📍 云南省广南县八宝镇坝龙村

🧭 从昆明机场出发，途经汕昆高速、广昆高速，全程约440千米，耗时约5小时30分钟

🛒 昆明沃尔玛 | 家乐福 | 百盛 | 天猫广南八宝贡米旗舰店 | 13887613188（向廷江）

谷魂遮放贡米 | 熊猫二星优异 (Excellent)

采收时间：10月～11月

三米稻秆骑象象收，比泰国香米更古老的中国原生品种

单位名称：德宏遮放贡米集团

📍 云南省德宏州芒市遮放镇允乌村

🧭 从芒市机场出发，沿G320行驶，全程约43千米，耗时约48分钟

🛒 华润万家 | 八马茶业连锁店 | 红旗连锁 | 天猫旗舰店 | 阿里巴巴生活 | 13608763993（杨爱华）

东方亮小米 | 熊猫二星优异 (Excellent)

采收时间：10月

恒山高寒米，滋养五百年

单位名称：山西东方亮生命科技股份有限公司

📍 山西省大同市广灵县作疃乡将官庄村

🧭 从大同市出发，途经天黎高速、广浑高速，全程共计约120千米，耗时约2小时

🛒 大同好粮门店 | 京东东方亮旗舰店 | 天猫东方亮旗舰店 | 18535865570（张健）

熊猫指南春榜一星产品

SELECTED

吗西达大米 | 熊猫一星精选（Selected）　　　　　　　　　　　　　采收时间：10 月 ~ 11 月

吗西达！（朝鲜语，意为"很好吃"）

单位名称：淳哲有机大米农场有限公司

📍 吉林省延吉市和龙市光东村

➤ 从延吉西站出发，途经龙太线、S202，全程约 28 千米，耗时约 32 分钟

🛒 18626958888（金君）

禾乐田园大米 | 熊猫一星精选（Selected）　　　　　　　　　　采收时间：10 月 ~ 11 月

地处黄金水稻带中的富硒之都，精耕细作的东北大米

单位名称：黑龙江省禾乐田园科技有限公司

📍 黑龙江省双鸭山市宝清县青原镇哈棠果

➤ 从宝清县出发，途经 137 县道、034 乡道，全程约 60 千米，耗时约 1.5 小时

🛒 13555111558（郭晓芹）

洪湖春露再生稻香米 | 熊猫一星精选（Selected）　　　　　采收时间：7 月 ~ 11 月

一莖两收，一莖更比一莖好的荆州再生稻

单位名称：洪湖市春露农作物种植专业合作社联合社

📍 湖北省洪湖市沙口镇长河村

➤ 从武汉市出发，途经汉洪高速、S103，全程约 111 千米，耗时约 1 小时 56 分钟

🛒 18626958888（兰夕良）

晶石玉马大米 | 熊猫一星精选（Selected）　　　　　　　　　采收时间：10 月

好米湖北当阳出，"白饭也能食三碗"

单位名称：当阳市晶石玉马米业有限公司

📍 湖北省当阳市庙前镇石马村

➤ 从武汉市出发，途经沪蓉高速，全程约 309.9 千米，耗时约 4 小时 7 分钟

🛒 淘宝店名"当阳市石马槽水稻种植专业合作社" | 湖北农信微信行利农购 | 15727209777（汪家泉）

关东地长粒香米 | 熊猫一星精选（Selected）　　　　　　　采收时间：10 月 ~ 11 月

创下"同一地点插秧人数最多"的吉尼斯世界纪录

单位名称：远古米业有限公司

📍 黑龙江省祥顺镇永乐村台头屯

➤ 从哈尔滨市出发，途经哈尔滨绕城高速、哈同高速，全程约 274 千米，耗时约 3 小时

🛒 13796152226（冯纯）

袁氏国米 | 熊猫 一星精选（Selected）　　　　　　　　　　　采收时间：10 月

精耕细作，丰富东北大米品种多样性
单位名称：永吉县袁氏米业

📍 吉林省吉林市永吉县一拉溪镇新兴村

🧭 从吉林站出发，途经迎宾大路、珲乌线，全程约 49 千米，耗时约 1 小时 14 分钟

🛒 13894727888（肖建波）

沙米 | 熊猫 一星精选（Selected）　　　　　　　　　　　采收时间：10 月 ~ 11 月

覆地膜，施保水剂，治沙英雄坚守打造沙漠绿洲
单位名称：内蒙古亿利新中农沙地农业投资股份有限公司

📍 内蒙古通辽市奈曼旗白音他拉镇希勃图村

🧭 从奈曼旗出发，途经京加线，全程约 29.4 千米，耗时约 32 分钟

🛒 通辽机场沙米专卖店 | 天猫"沙米旗舰店" | 13904754657（田广）

尚品盈斛鸭稻米 | 熊猫 一星精选（Selected）　　　　　　　采收时间：10 月 ~ 11 月

来自中国最早迎接太阳的稻田
单位名称：农垦建三江管理局 859 农场

📍 黑龙江省双鸭山市饶河县东安镇

🧭 从佳木斯出发，途经哈同高速、建黑高速，全程约 345 千米，耗时约 4 小时

🛒 18045439966（陪玉刚）

双竹竹溪贡米 | 熊猫 一星精选（Selected）　　　　　　　采收时间：10 月 ~ 11 月

武当山脚下庐陵王尝米，武则天明神宗双封"贡米"
单位名称：湖北双竹生态食品开发股份有限公司

📍 湖北省十堰市竹溪县中峰镇青草坪村

🧭 从武汉市出发，途经福银高速、麻安高速至竹溪县中峰镇青草坪村，全程约 573.2 千米，耗时约 6 小时 39 分

🛒 中百超市 | 新合作 | 京东"双竹竹溪贡米" | 0719-2860533（柯晨霞）

五稻皇五常稻花香大米 | 熊猫 一星精选（Selected）　　　采收时间：10 月 ~ 11 月

产自五常核心产区，朝鲜族匠人倾心打造
单位名称：展丰水稻种植专业合作社

📍 黑龙江省哈尔滨市五常市民乐乡陆家村陆家屯

🧭 从哈尔滨市出发，途经哈尔滨绕城高速、吉黑公路，全程约 128 千米，耗时约 2 小时

🛒 18346563518（顾同）

鸭绿江越光米 | 熊猫一星精选（Selected）

采收时间：10 月 ~ 11 月

白鹭之乡亦产米，越光大米冠丹东

单位名称：辽宁鸭绿江米业（集团）有限公司

📍 辽宁省东港市椅圈镇盖家坝村

✈ 从丹东市出发，途经鹤大高速、白马线，全程约 68 千米，耗时约 1 小时

🛒 18641533692（孙状）

叶盛贡米 | 熊猫一星精选（Selected）

采收时间：9 月

稻、鸭、鱼、蟹共养，有机生态种植保留贡米传统风味

单位名称：宁夏正鑫源现代农业发展集团有限公司

📍 宁夏吴忠市青铜峡镇地三村

✈ 由银川出发，经由滨河大道、S101、京拉线至吴忠市镇，全程 43.5 千米，耗时约 45 分钟

🛒 天猫叶盛旗舰店 | 18169535777（包嘉鹏）

元梯红米 | 熊猫一星精选（Selected）

采收时间：10 月

千年品种不退化，梯田种植和天然冲肥保留稻米古色古香

单位名称：元阳龙泰粮业有限公司

📍 云南省红河州元阳县小新街乡大拉卡村

✈ 从昆明出发，途经汕昆高速、广昆高速至元阳县小新街，全程 387 千米，耗时 7.5 小时

🛒 13529818928（徐向阳）

庆禾香庆安大米 | 熊猫一星精选（Selected）

采收时间：10 月 ~ 11 月

"米姐"打造的"中国十大好吃米饭"

单位名称：庆安东禾农业集团

📍 黑龙江省庆安县火车站北

✈ 从哈尔滨市出发，途经鹤哈高速、伊哈线，全程约 165 千米，耗时约 2 小时

🛒 15145738888（杨晓萍）

绿古五常稻花香大米 | 熊猫一星精选（Selected）

采收时间：10 月 ~ 11 月

无人机、二维码、私人订制、全程监控，好大米科技造

单位名称：五常绿野有机水稻种植农民专业合作社

📍 黑龙江省哈尔滨市五常市安家镇铁西村

✈ 从哈尔滨市出发，途经哈尔滨哈平路、吉黑公路，全程约 128 千米，耗时约 2.5 小时

🛒 13936257997（康健）

先米古稻响水大米 | 熊猫 一星精选（Selected）

采收时间：10 月

先人之米，古法之稻

单位名称：黑龙江先米古稻米业有限公司

⊙ 黑龙江省牡丹江市宁安市渤海镇响水村

➤ 从牡丹江市出发，途经海浪路、G11 鹤大高速、201 国道，全程共计 76.9 千米，耗时约 1 小时 13 分钟

🛒 京东"先米古稻官方旗舰店" | 淘宝"先米古稻企业店" | 天猫"响水大米官方旗舰店" | 13766669432（刘晓强）

海鸥华山梨 | 熊猫 一星精选（Selected）

采收时间：8 月～9 月

烟台烟雨华山梨

单位名称：烟台海鸥果蔬有限公司

⊙ 山东省烟台市莱山区官庄村

➤ 从烟台市出发，途经城东大街与港城西大街，全程共计 9.4 千米，耗时约 14 分钟

🛒 13573523707（邱淑华）

黄阿丑小丑梨 | 熊猫 一星精选（Selected）

采收时间：6 月～8 月

龙泉山下小丑梨，清脆爽口沁心脾

单位名称：金堂县云敏果蔬专业合作社

⊙ 四川省成都市金堂县赵家镇三烈村

➤ 从成都市出发，途经沪蓉高速、成巴高速，全程共计 65.9 千米，耗时约 1 小时 26 分钟

🛒 18323065948（粟彬）

沙田莱阳梨 | 熊猫 一星精选（Selected）

采收时间：10 月

三百年梨王今犹在

单位名称：莱阳市沙田果业专业合作社

⊙ 山东省莱阳市照旺庄镇芦儿港村

➤ 从烟台市出发，途经烟泸线、G204，全程约 95.2 千米，耗时约 1 小时 46 分

🛒 淘宝店名"沙田果业" | 18766540668（王俊杰）

沙依东香梨 | 熊猫 一星精选（Selected）

采收时间：9 月

产自库尔勒香梨的核心产区，拥有 1300 多年的悠久历史

单位名称：巴州沙依东园艺场

⊙ 新疆巴音郭楞蒙古自治州库尔勒市英下乡

➤ 从库尔勒机场出发，沿机场快速、建国南路、X230、Y027，全程约 28.1 千米，耗时约 44 分钟

🛒 香梨优网（www.xiangliyou.cn） | 13899089852（覃伟铭）

农垦早酥梨 | 熊猫一星精选（Selected）

采收时间：8 月 ~ 9 月

古丝绸之路上长出的酥脆梨
单位名称：甘肃农垦张掖农场

- 甘肃省张掖市甘州区老寺庙
- 由张掖甘州机场出发，途经西张线、连霍高速至甘州区老寺庙，全程 42 千米，耗时约 40 分钟
- 13993681505（程才）

条山早酥梨 | 熊猫一星精选（Selected）

采收时间：8 月 ~ 9 月

扶贫家共建，酥梨香满山
单位名称：甘肃亚盛实业股份公司条山农工商开发分公司

- 甘肃省白银市景泰县一条山镇泰玉路 68 号
- 从白银市出发，途经 S217、201 国道，全程共计 90 千米，耗时约 1 小时 35 分钟
- 13909432246（尹世辉）

增城步云果场水晶球荔枝 | 熊猫一星精选（Selected）

采收时间：7 月 ~ 8 月

何仙姑故里的独有优稀品种
单位名称：广州市增城步云果场

- 广东省广州市增城区小楼镇小楼村
- 从广州市出发，途经大广高速、广州北三环高速，全程共计 78.6 千米，耗时约 56 分钟
- 13538700328（何步云）

人字桥荔枝 | 熊猫一星精选（Selected）

采收时间：5 月 ~ 6 月

用 18 年坚守，带领乡亲走上荔枝脱贫之路
单位名称：屏边县国安水果种植有限公司

- 云南省红河哈尼族自治州屏边县玉屏镇卡口村
- 从昆明市出发，途经广坤高速、开河高速，全程共计 320.5 千米，耗时约 4 小时 16 分
- 18213612029（杨国云）

夜郎古道合江妃子笑荔枝 | 熊猫一星精选（Selected）

采收时间：7 月 ~ 8 月

"一骑红尘妃子笑"，无人知是合江来
单位名称：合江县润泽果业专业合作社

- 四川省泸州市合江县柿子田村九社
- 从重庆市出发，途经重庆内环快速、成渝环线高速，全程共计 168.5 千米，耗时约 2 小时 31 分
- 18048687909（袁海涵）

荔枝妹妹荔枝 | 熊猫一星精选（Selected）

采收时间：5 月 ~ 6 月

三位 80 后女孩创业打造的"白糖罂"励志荔

单位名称：茂名市电白区丰润种养殖专业合作社

📍 广东省茂名市电白区龙湾区村委向北 2 公里

🧭 从茂名市电白区出发，途经包茂高速、沈海高速，全程共计 50 千米，耗时约 1 小时

🛒 有量店铺"荔枝妹妹"旗舰店 | 18682098211（黄冬梅）

华荔转身糯米糍荔枝 | 熊猫一星精选（Selected）

采收时间：6 月 ~ 7 月

一颗"水晶丸"，深山岛屿出，无愧"荔枝王"

单位名称：东莞市华荔农业产品科技有限公司

📍 广东省东莞市黄江镇长龙村

🧭 从深圳市出发，途经珠三角环绕高速、清龙路，全程共计 39 千米，耗时约 55 分钟

🛒 15362052808（周禹）

天美桂味荔枝 | 熊猫一星精选（Selected）

采收时间：6 月 ~ 7 月

桂花味儿从荔枝出

单位名称：深圳天美荔枝产业发展有限公司

📍 广东省深圳市南山区沙河西路 5116 号

🧭 从深圳市出发，途经沈海高速、南光高速，全程共计 19 千米，耗时约 29 分钟

🛒 13502825452（谢永红）

黄志强冰荔荔枝 | 熊猫一星精选（Selected）

采收时间：6 月 ~ 7 月

全国仅此一家的蜜味儿甜荔枝

单位名称：东莞市厚街桂冠荔枝专业合作社

📍 广东省东莞市厚街镇大经社区

🧭 从广州市出发，途经广州环绕高速、京港澳高速，全程共计 90.6 千米，耗时约 1 小时 36 分钟

🛒 13827233195（黄志强）

成润农业软籽石榴 | 熊猫一星精选（Selected）

采收时间：8 月 ~ 10 月

全新投入十余年，耕耘千亩有机田

单位名称：四川省会理县成润农业开发科技有限公司

📍 四川省会理县富乐乡三岔河村

🧭 从会理县城出发，途经 S310、S213，全程共计 40 千米，耗时约 1 小时

🛒 鑫荣懋 | 伊藤 | 18481537077（赵煜中）

榴颜软籽石榴 | 熊猫一星精选（Selected）

采收时间：9 月～10 月

汁水丰富、果粒松软、果肉鲜艳，一个"90 后"农业匠人的诚意之作

单位名称：郑州青云端农业科技有限公司

⊙ 河南省荥阳市高村乡官峪村

➤ 从郑州市出发，途经陇海西路、西南绕城高速至荥阳市高村乡，全程 50.8 千米，耗时约 1 小时

🛒 15225127577（张保英）

会理琴鑫石榴 | 熊猫一星精选（Selected）

采收时间：8 月～11 月

古桥村孕育的丰富矿物元素，造就了中国最大的石榴产区

单位名称：四川省会理县琴鑫生态农业有限公司

⊙ 四川省会理县彰冠镇古桥村

➤ 从昆明市出发，途经 310 省道、京昆线至会理县，全程 400 千米，耗时约 6 小时

🛒 淘宝店名"琴鑫生态果园" | 17738466688（杨彪）

会泽盐水石榴 | 熊猫一星精选（Selected）

采收时间：8 月

醉别盐水石榴甜，客居他乡夜夜思

单位名称：会泽县干海子种植合作社

⊙ 云南省会泽县干海子村

➤ 从会泽县出发，途经通宝路、长巧线，全程 35.4 千米，耗时 1 小时 33 分钟

🛒 13649668855（庄垂兵）

百富瑞石榴 | 熊猫一星精选（Selected）

采收时间：10 月

骊山脚下先进种植农法孕育出的甜石榴

单位名称：西安市临潼区华瑞果业专业合作社

⊙ 陕西省西安市临潼区胡王村华瑞果业基地

➤ 从西安咸阳出发，途经西安绕城高速、连霍高速至西安市临潼区，全程 74 千米，耗时约 1 小时

🛒 宠爱榴榴淘宝店 | 13991326985（王勋昌）

蒙生石榴 | 熊猫一星精选（Selected）

采收时间：8 月～12 月

独特的地理优势，农民科学家的技术指导

单位名称：云南蒙生石榴产销专业合作社

➤ 云南省蒙自市新安所镇小红寨村

⊙ 从昆明机场出发，途经广昆高速、开河高速至蒙自市新安所镇，全程 280 千米，耗时约 3.5 小时

🛒 北京友德龙 | 京东商城蒙自扶贫馆 | 13529493043（张演）

福山锦程大樱桃 | 熊猫一星精选（Selected）

采收时间：5 月

大樱桃发祥地，几代人打造科技示范村
单位名称：烟台锦程大樱桃专业合作社

◉ 山东省烟台市福山区门楼镇两甲庄村

➤ 从青岛出发，途经龙青高速、沈海高速，全程 200 千米，耗时 2 小时 10 分

🛒 13371391777（孙承远）

文登厚德大樱桃 | 熊猫一星精选（Selected）

采收时间：6 月

有机樱桃，风味浓郁，农痴情怀，崇尚自然农法
单位名称：威海市厚德大樱桃专业合作社

◉ 山东省威海市文登区大水泊镇后土埠岭村

➤ 从青岛出发，途经龙青高速、威青高速，全程 225 千米，耗时 2 小时 40 分钟

🛒 18663138477（丁子军）

越西东方樱桃 | 熊猫一星精选（Selected）

采收时间：4 月～5 月

西南高海拔特早熟甜樱桃，国企致富大凉山
单位名称：越西东方农业发展有限公司

◉ 四川省越西县大花乡大花村

➤ 从西昌青山机场出发，途经京昆高速、W06，全程 114.4 千米，耗时 2 小时 20 分钟

🛒 18268786266（何柳青）

花丫丫樱桃 | 熊猫一星精选（Selected）

采收时间：4 月～5 月

生态种植，找到孩童时的味道
单位名称：铜川神农生态农业有限公司

◉ 陕西省铜川市咸丰路中西村 888 号

➤ 从西安咸阳国际机场驾车出发，途经咸北环线高速、延西高速，全程 86.9 千米，耗时 1 小时 15 分钟

🛒 18691902199（杨展）

北旺里樱桃 | 熊猫一星精选（Selected）

采收时间：3 月～4 月、6 月

六年荒山造林，好樱桃也要好生态
单位名称：大连东阳生态农业发展有限公司

◉ 辽宁省大连市瓦房店市泡崖乡五间房村

➤ 从大连周水子机场驾车出发，途经爱大线、沈海高速，全程 91.4 千米，耗时 1 小时 22 分钟

🛒 淘宝店名"北旺里樱桃" | 18041172553（王丹阳）

绵虒甜樱桃 | 熊猫 一星精选（Selected）

采收时间：5 月

地震灾后，深山里重生的甜樱桃
单位名称：汶川县新睿大樱桃种植专业合作社

📍 四川省汶川县绵虒镇绵丰村一组

➤ 从成都双流机场出发，经成灌高速、途都汶高速，全程 120 千米，耗时 1 小时 47 分钟

🛒 13558598458（付猛）

春苗荸荠杨梅 | 熊猫 一星精选（Selected）

采收时间：6 月

古典土法雕琢下的红宝石
单位名称：慈溪市春望果蔬有限公司

📍 浙江省慈溪市横河镇龙南村柘岙茅家 2 号

➤ 从宁波市出发，途经杭甬高速、杭州湾环线高速，全程 72.9 千米，耗时约 1 小时 20 分钟

🛒 本来生活 | 每日优鲜 | 13805826391（茅春苗）

猴子岭荸荠杨梅 | 熊猫 一星精选（Selected）

采收时间：6 月

悠远林荫道，梅香环山绕
单位名称：宜兴市张渚镇猴子岭果林生态园

📍 江苏省无锡市宜兴市张渚镇西门村

➤ 从无锡市锡山区出发，途经沪宜高速、长深高速，全程共计约 98.1 千米，耗时约 1 小时 29 分钟

🛒 13606157937（舒顺生）

仙洲东魁杨梅 | 熊猫 一星精选（Selected）

采收时间：6 月～7 月

往后余生，只愿丹果如蜜甜
单位名称：仙居县朝晖果蔬专业合作社

📍 浙江省仙居县南峰街道船山村

➤ 从台州市区出发，途经台金高速，全程共计约 94.1 千米，耗时约 1 小时 21 分钟

🛒 盒马鲜生 | 虫妈邻里团 | 18117253721（郭壮飞）

紫云岩白蜜杨梅 | 熊猫 一星精选（Selected）

采收时间：5 月～6 月

颜如白玉，多汁如蜜
单位名称：龙海市紫云岩果蔬专业合作社

📍 福建省龙海市石码镇高坑村

➤ 从厦门北站出发，途经沈海高速、龙江大道，全程共计约 45.8 千米，耗时约 46 分钟

🛒 18605960103（高瑞强）

橙绩单冰糖橙 | 熊猫一星精选（Selected）

采收时间：11 月 ~ 12 月

电商扶贫 + 互联网金融资源引入，为农产品发展插上翅膀

单位名称：湖南华大农业科技发展有限公司

- 湖南省永兴县便江镇山冲村
- 从郴州市出发，途经京港澳高速、S212 至永兴县便江镇，全程约 45.9 千米，耗时约 46 分钟
- 天猫"淘乡甜官方旗舰店" | 13973535666（罗跃雄）

瓯柑 | 熊猫一星精选（Selected）

采收时间：11 月

温州千年历史的历代贡品，湿地岛屿环境造就的"自然"瓯柑

单位名称：散户种植

- 浙江省温州市三垟湿地应谭村
- 驾车从龙湾国际机场出发，途经瓯海大道、上江路至温州市三垟湿地，全程 18.6 千米，耗时约 26 分钟
- 18767701367（蔡全良）

忘不了临海蜜橘 | 熊猫一星精选（Selected）

采收时间：1 月、2 月、9 月、10 月、11 月、12 月

橘世家走出的"90 后"接班人，用创新打造比褚橙还早的水果电商之路

单位名称：浙江忘不了柑橘专业合作社

- 浙江省台州市临海市涌泉镇涌泉寺
- 从台州市出发，途经台州大道、S327，全程约 23.4 千米，耗时约 41 分钟
- 天猫忘不了水果旗舰店 | 0576-85681838（林东东）

褚橙 | 熊猫一星精选（Selected）

采收时间：11 月 ~ 12 月

清甜多汁、化渣可口，曾经的糖王、烟王褚时健用匠心打造的"励志橙"

单位名称：云南褚氏农业有限公司

- 云南省玉溪市新平县哀牢山玉溪基地
- 从昆明机场出发，途经昆磨高速、省道 S306、省道 S218，全程约 266.7 千米，耗时约 4 小时
- 天猫"褚氏新选水果旗舰店" | 本来生活 | 18787027002（柳柳）

金朔金橘 | 熊猫一星精选（Selected）

采收时间：1 月 ~ 4 月

科技种植造"金"山，带动万亩果园发展新技术

单位名称：阳朔县白沙镇古板水果专业合作社

- 广西壮族自治区桂林市阳朔县白沙镇古板村
- 从桂林市出发，途经万福路、包茂高速，全程共计 73 千米，耗时约 1 小时 45 分钟
- 13878377588（高永豪）

兴万家荔浦砂糖橘 | 熊猫一星精选（Selected） 采收时间：1 月、2 月、12 月

荔浦砂糖橘，广西新名片
单位名称：荔浦市兴万家果蔬专业合作社

📍 广西壮族自治区荔浦市大塘镇兴万家柑橘种植示范基地

➤ 从荔浦市出发，途经荔佳路、龙大线，全程共计 14 千米，耗时约 30 分钟

🛒 15295901618（廖荣全）

钟山贡柑 | 熊猫一星精选（Selected） 采收时间：1 月、11 月、12 月

党员带头种贡柑，引领全村齐脱贫
单位名称：钟山县昱成水果种植专业合作社

📍 广西壮族自治区贺州市钟山县公安镇大田村委莲花地

➤ 从贺州市出发，途经汕昆高速、迎宾大道，全程共计 49 千米，耗时约 1 小时

🛒 13907844532（陈文松）

廖橙 | 熊猫一星精选（Selected） 采收时间：1 月、12 月

鹿寨蜜橙之父———一把火烧出来的蜜橙
单位名称：鹿寨县桂鹿水果专业合作社

📍 广西壮族自治区柳州市鹿寨县波井村

➤ 从桂林市出发，途经木兰街、泉南高速，全程 111.9 千米，耗时 1 小时 43 分钟

🛒 柳鹿山珍特产馆实体店 | 18977236618（李柳萍）

华会新会柑 | 熊猫一星精选（Selected） 采收时间：9 月 ~ 12 月

皮肉兼用药食同源，种柑达人想让陈皮飘香世界
单位名称：江门市诺诚农业发展有限公司

📍 广东省江门市新会区银湖湾新洲围 5~6 排

➤ 从江门市出发，途经 271 省道、365 省道，全程共计 63 千米，耗时约 1 小时 13 分钟

🛒 13802618028（关炳华）

天马芦柑 | 熊猫一星精选（Selected） 采收时间：11 月 ~ 12 月

生态种植赶跑柑橘"癌症"，永春芦柑起死回生
单位名称：永春绿源柑橘专业合作社

📍 福建省泉州市永春县五里街镇吾东村

➤ 从泉州市出发，途经泉南高速，全程共计 86 千米，耗时约 1 小时 24 分

🛒 13636925079（张宇平）

橘博园象山红美人 | 熊猫一星精选（Selected）

采收时间：10 月 ~ 12 月

只想安静地做一个橘子

单位名称：宁波田园牧歌农业发展有限公司

⊙ 浙江省宁波市象山县定塘镇小湾塘

➤ 从宁波市出发，途经甬台温复线高速、沿海高速，全程共计 90.9 千米，耗时约 1 小时 22 分钟

🛒 13456114365（韩东道）

红江橙 | 熊猫一星精选（Selected）

采收时间：1 月、11 月、12 月

十月"怀胎"，彰显诚心橙意

单位名称：广东省红江农场

⊙ 广东省廉江市青平镇红江农场

➤ 从湛江市出发，途经寸金路、瑞云北路、287 省道，全程共计 45 千米，耗时约 1 小时 6 分钟

🛒 天猫红江水果旗舰店 | 18320425266（陈树华）

起凤橘洲沃柑 | 熊猫一星精选（Selected）

采收时间：1 月 ~ 5 月、12 月

以精细农业为目标，打造可循环生态

单位名称：广西起凤橘洲生态农业有限公司

⊙ 广西南宁市武鸣区城厢镇邓广村

➤ 从南宁市出发，途经邕武路、037 县道、210 国道，全程共计 57.9 千米，耗时约 2 小时

🛒 微信公众号"起凤橘洲" | 18878990111（廖成都）

富沅沃柑 | 熊猫一星精选（Selected）

采收时间：1 月 ~ 5 月

老牌国有农场规模种植

单位名称：广西剑麻集团东风农场有限公司

⊙ 广西壮族自治区南宁市武鸣区东风农场社区

➤ 从南宁市出发，途经佛子岭路、G75 兰海高速、南武大道，全程共计 54.5 千米，耗时约 1 小时 12 分钟

🛒 18978958696（李孟忠）

水口红粑粑柑 | 熊猫一星精选（Selected）

采收时间：1 月 ~ 3 月

外丑内柔又内秀，如蜜纯甜爽入口

单位名称：蒲江县大兴水口杂柑专业合作社

⊙ 四川省成都市蒲江县大兴镇水口村

➤ 从成都市出发，途经成蒲快速路、寿高路，全程共计 68.3 千米，耗时约 1 小时 26 分钟

🛒 天猫水口红旗舰店 | 15828249285（赵兴丽）

长秋山不知火 | 熊猫一星精选（Selected）

采收时间：3 月 ~ 5 月

晚熟盛放长秋山，入口甜脆不知火

单位名称：蒲江县长秋山古佛柑橘专业合作社

- 四川省成都市蒲江县长秋乡古佛村
- 从成都市出发，途经成渝环线高速、寿眉路，全程共计 71.7 千米，耗时约 1 小时 20 分钟
- 13709042272（覃泰容）

渝康沃柑 | 熊猫一星精选（Selected）

采收时间：1 月 ~ 5 月

千年桔乡迎新枝，跨越寒冬迎美味

单位名称：重庆市开州区绿周果业有限公司

- 重庆市开州区竹溪镇大海村
- 从重庆市出发，途经包茂高速、恩广高速，全程共计 313 千米，耗时约 3 小时 36 分钟
- 13452703838（文太胜）

北纬十八度火龙果 | 熊猫一星精选（Selected）

采收时间：全年

生长于地球上最适合度假的区域之一——北纬 18°

单位名称：海南北纬十八度果业有限公司

- 海南省东方市大田镇海晟基地
- 从三亚凤凰机场出发，途经海南环线高速、海榆（西）路，全程约 160 千米，耗时约 2 小时
- Ole' | 沃尔玛超市 | 家乐福超市 | 百佳超市 | 永辉超市 | 大润发超市 | 百果园 | 18621379988 高晓东

圣蓓紫心火龙果 | 熊猫一星精选（Selected）

采收时间：6 月 ~ 11 月

"有所取有所给"的自然种植，培育出米兰世博会上的紫心火龙果

单位名称：云南羽楠农业科技有限公司

- 云南省玉溪市元江县红河街道大水平社区土锅寨
- 从玉溪站出发，途经昆磨高速，全程约 135 千米，耗时约 2 小时
- 13887766599（郑威）

鼎龙火龙果 | 熊猫一星精选（Selected）

采收时间：6 月 ~ 12 月

长寿上林火龙果，山泉浇灌铸红心

单位名称：广西上林县鼎龙农业有限公司

- 广西壮族自治区南宁市上林县明亮镇罗勘村
- 从南宁市出发，途经昆仑大道、322 国道、488 县道，全程共计 96.7 千米，耗时约 2 小时 14 分钟
- 17749718268（田旭东）

尚进华特猕猴桃 | 熊猫一星精选（Selected）

采收时间：10 月 ~ 12 月

维生素 C 含量是普通猕猴桃的 3~5 倍，白色长条形状是华特猕猴桃的独特标识

单位名称：泰顺县尚进农林专业合作社

📍 浙江省泰顺县碑牌镇苏北村

🧭 从温州市出发，途经沈海高速、五八省道，全程约 160 千米，耗时约 3 小时

🛒 13958986656（彭尚进）

森悦红阳猕猴桃 | 熊猫一星精选（Selected）

采收时间：7 月 ~ 8 月

清甜红心是红阳，光芒四射似太阳

单位名称：石屏县卓易农业科技开发有限公司

📍 云南省石屏县坝心镇王家冲村十字坡

🧭 从昆明长水国际机场出发，途经昆磨高速、通建高速，全程约 228.8 千米，耗时约 3 小时 25 分钟

🛒 百果园｜盒马鲜生｜13887313308（李刚）

周至猕猴桃 | 熊猫一星精选（Selected）

采收时间：9 月 ~ 10 月

产自"中国猕猴桃第一村"的名门望族

单位名称：陕西省周至周一有机猕猴桃专业合作社

📍 陕西省周至县楼观镇周一村

🧭 从西安咸阳市出发，走机场高速，经西安绕城高速、京昆高速、S107 至周至县楼观镇，全程 100 千米，耗时约 1.5 小时

🛒 天猫周一村旗舰店｜13119167111（齐平）

九岙奉化水蜜桃 | 熊猫一星精选（Selected）

采收时间：6 月 ~ 8 月

奉化水蜜桃进军国际市场第一品牌

单位名称：宁波市奉化九岙水蜜桃园

📍 浙江宁波市奉化区弥勒大道 99 弄

🧭 从宁波市出发，途经南环高架、东环北路，全程共计 45.8 千米，耗时约 59 分钟

🛒 13805839696（应士峰）

连平鹰嘴蜜桃 | 熊猫一星精选（Selected）

采收时间：6 月 ~ 7 月

蜜桃弯弯，最绝在那一"尖"

单位名称：连平县上三角湖种植公司

📍 广东省河源市连平县上坪镇三角湖

🧭 从河源市出发，途经龙河高速、汕昆高速、大广高速，全程约 127.5 千米，耗时 1 小时 37 分钟

🛒 13713820722（文润培）

炎陵黄桃 | 熊猫一星精选（Selected）

采收时间：6月~8月

游仙山仙水，品仙坪仙果

单位名称：炎陵县仙坪村古塘水果种植专业合作社

📍 湖南省株洲市炎陵县垄溪乡仙坪村

➤ 从炎陵县出发，途经京广线、X069乡道，全程共计40.6千米，耗时约54分钟

🛒 美味老家电商 | 13469010827 18274278810（钟明祥）

鹏程大竹秦王桃 | 熊猫一星精选（Selected）

采收时间：6月~8月

探索桃子的"互联网＋"销售新模式

单位名称：达州鹏程农业种植合作社

📍 四川省达州市大竹县庙坝镇寨峰村

➤ 从南充市出发，途经沪蓉高速、包茂高速，全程共计168千米，耗时约2小时

🛒 13882334199（朱鹏程）

弘林仙桃 | 熊猫一星精选（Selected）

采收时间：6月~9月

孟姜女故里，孟姜红仙桃

单位名称：铜川弘林农产品冷链物流配送有限公司

📍 陕西省铜川市黄堡镇孟家塬村

➤ 从铜川市出发，途经澎胡大街、环黄公路，全程共计23.4千米，耗时约35分钟

🛒 陕西金口碑 | 融E购 | 13309195353（王红旗）

漠北白凤桃 | 熊猫一星精选（Selected）

采收时间：6月~8月

黄河水灌溉出的甘肃最美白凤桃

单位名称：甘肃漠北农业有限公司

📍 甘肃省白银市水川镇衡量山

➤ 从兰州机场出发，途经水秦快速、京藏高速，全程共计107.5千米，耗时约1小时28分钟

🛒 盒马鲜生 | Ole' | BHG | 15693968185（张文栋）

桃博士阳山水蜜桃 | 熊猫一星精选（Selected）

采收时间：6月~8月

太湖边长出的阳山水蜜桃领军代表

单位名称：无锡市阳山镇桃博士水蜜桃种植合作社

📍 江苏省无锡市惠山区阳山镇火炬村

➤ 从无锡市出发，途经环太湖公路、西环路，全程共计18千米，耗时约41分钟

🛒 13327900369（恽品慧）

桃咏南汇水蜜桃 | 熊猫 一星精选（Selected）

采收时间：6 月～8 月

老上海人心中最热爱的味道
单位名称：上海桃咏桃业专业合作社

📍 上海市浦东新区下盐路 2688 号

➤ 从上海市浦东机场出发，途经申嘉湖高速、下盐路，全程共计 24.9 千米，耗时约 30 分钟

🛒 天猫桃咏旗舰店 | 盒马鲜生 | 上海桃咏直营店 | 13661790957（何伟杰）

元斗充国香桃 | 熊猫 一星精选（Selected）

采收时间：6 月～8 月

"充国香桃种植第一人" 匠心打造
单位名称：四川省元斗果业开发有限公司

📍 四川省南充市西充县古楼镇冯二垭村

➤ 从南充市出发，途经兰海高速、兰渝线，全程共计 59.2 千米，耗时约 1 小时 10 分钟

🛒 15881727566（高元斗）

义凯庄园油桃 | 熊猫 一星精选（Selected）

采收时间：10 月～11 月

香甜 "忆香蜜"，成就这一颗晚熟油桃王
单位名称：烟台义凯果蔬庄园有限公司

📍 山东省烟台市福山区回理镇善疃村

➤ 从烟台市出发，途经荣乌高速、烟沪线，全程共计 29 千米，耗时约 42 分钟

🛒 13001619687（姜学忠）

臻和晚秋红心桃 | 熊猫 一星精选（Selected）

采收时间：10 月～12 月

国企老总回乡创业，精耕细作种出新桃
单位名称：富源臻和农产品开发有限公司

📍 云南省曲靖市富源县墨红镇九和村

➤ 从曲靖市出发，途经茨红公路、青林路，全程共计 63.5 千米，耗时约 1 小时 57 分钟

🛒 13759154999（张雄）

红柳无核白葡萄 | 熊猫 一星精选（Selected）

采收时间：8 月～9 月

火洲里的绿珍珠
单位名称：吐鲁番市红柳河园艺场

📍 新疆吐鲁番市高昌区红柳河园艺场

➤ 从乌鲁木齐市区出发，途经外环路高架、京新高速，全程约 190.6 千米，耗时约 3 小时 14 分钟

🛒 13399951002（刘军强）

锦瑜阳光玫瑰葡萄 | 熊猫一星精选（Selected）

采收时间：7 月 ~ 8 月

锦绣红河大地上的美玉
单位名称：开远锦瑜农业发展有限公司

⊙ 云南省红河州开远市羊街乡黑泥地社区四方地

➤ 从昆明市出发，途经汕昆高速、广昆高速，全程约 230.6 千米，耗时约 2 小时 47 分钟

🛒 有好东西 | 春播 | 真的有料 | 昆明百盛 | 北京华联 | Ole' | 13908734725（高建松）

东坡红柚 | 熊猫一星精选（Selected）

采收时间：11 月

苏东坡笔下的古老"浮石柚子"，如今已是国际范儿
单位名称：江西凯丰生态农林有限公司

⊙ 江西省赣州市南康区浮石乡浮石村

➤ 从赣州市区出发，途经夏蓉高速、大广高速至赣州市南康区浮石村，全程约 38 千米，耗时约 1 小时

🛒 京东"凯丰生态水果专营店" | 微信公众号"百结梁园" | 13763988882（梁万里）

容县沙田柚 | 熊猫一星精选（Selected）

采收时间：11 月 ~ 12 月

由乾隆皇帝赐名的葫芦形柚，中国柚子的代表品种
单位名称：容县木古种养专业合作社

⊙ 广西壮族自治区玉林市容县自良镇古济村

➤ 由南宁东站始发，经泉南高速、广昆高速至容县自良镇，全程 263 千米，耗时约 3 小时

🛒 13878053249（陈进荣）

柚子夫妇蜜柚 | 熊猫一星精选（Selected）

采收时间：8 月 ~ 9 月

科班学农夫妇自主创业，打造柚中"爱马仕"
单位名称：澄迈洪安农业开发有限公司

⊙ 澄迈县金江镇善井村

➤ 从海口市出发，沿途经过中线高速、X266 至澄迈县金江镇，全程约 71.7 千米，耗时约 1 小时 33 分钟

🛒 京东"洪安柚子" | 13158936117（黄晓玲）

丹霞谢柚 | 熊猫一星精选（Selected）

采收时间：10 月 ~ 11 月

丹霞红土地上，慢生活，好结果
单位名称：韶关金喆园生态农业有限公司

⊙ 广东省韶关市仁化县大桥镇长坝村委会廖子坑村小组

⊙ 从韶关市出发，经西堤北路、良村公路、323 国道，全程共计 15.1 千米，耗时约 23 分钟

🛒 淘宝店"丹霞谢柚" | 18128920800（柚子哥）

永红矮晚柚 | 熊猫一星精选（Selected）

采收时间：2 月 ~ 4 月

40 年精心选育，晚熟柚种惊艳斗城

单位名称：遂宁市永红矮晚柚有限公司

📍 四川省遂宁市蓬溪县赤城镇任家桥村

🧭 从成都市出发，途经沪蓉高速，全程共计 194 千米，耗时约 2 小时 30 分钟

🛒 公司网站：www.snawy.cn | 15520693888（彭松林）

绿源枣业冬枣 | 熊猫一星精选（Selected）

采收时间：9 月 ~ 10 月

从山东到新疆，只为寻找最适合的冬枣种植地，不负甜美不负心

单位名称：新疆绿源枣业农民专业合作社

📍 新疆巴音郭楞蒙古自治州库尔勒市阿瓦提乡喀拉亚尕奇村

🧭 由库尔勒市出发，经由建国北路、X220 至阿瓦提乡，全程 22 千米，耗时约 40 分钟

🛒 百果园 | 13399044396（张秀英）

塔和玉骏枣 | 熊猫一星精选（Selected）

采收时间：9 月 ~ 10 月

比鸡蛋还大的枣，被誉为"沙漠中的红宝石"

单位名称：新疆兴翔果业有限公司

📍 墨玉县波斯坦库勒开发区 315 国道 2485 千米处

🧭 由和田机场出发，经由迎宾路、西莎线高速至博斯坦库勒开发区，全程 53 千米，耗时约 1 小时 10 分钟

🛒 13070088509（赵兴柱）

凡河源寒富苹果 | 熊猫一星精选（Selected）

采收时间：10 月 ~ 12 月

全国纬度最高的富士苹果，智慧农业让生态和谐发展

单位名称：铁岭海春园苹果合作社

📍 辽宁省铁岭市铁岭县李千户镇兴家沟村

🧭 从沈阳出发，途经京哈高速、沈环线至铁岭县李千户镇，全程 83 千米，耗时约 1 小时 34 分钟

🛒 淘宝店名"永强果园" | 18604108080（邓春依）

马龙歪苹果 | 熊猫一星精选（Selected）

采收时间：7 月 ~ 10 月

"歪苹果"不歪，匠心种出"金"苹果

单位名称：马龙歪苹果种植合作社

📍 云南省曲靖市马龙县通泉街道

🧭 从曲靖市出发，途经杭瑞高速、龙湾路，全程共计 30.1 千米，耗时 33 分钟

🛒 13769732230（吴云娇）

兴志盐源苹果 | 熊猫一星精选（Selected）

采收时间：9 月 ~ 11 月

离城市最远，离太阳最近，年均 3000 小时以上日照成就美味的冰糖心"丑苹果"
单位名称：盐源县龙洞湾苹果专业合作社

📍 四川凉山彝族自治州盐源县梅雨镇树子洼村

➤ 从攀枝花市出发，途经 S216 至盐源县梅雨镇，全程 185.7 千米，耗时约 4 小时 45 分钟

🛒 沃尔玛超市 | 善品公社 | 18081639282（赵兴志）

仁和凯特芒果 | 熊猫一星精选（Selected）

采收时间：8 月 ~ 10 月

中国海拔最高、成熟最晚的芒果，"芒果书记"创新打造
单位名称：四川攀枝花市德益果品开发有限公司

📍 四川省攀枝花市仁和区大龙潭乡混撒拉村

➤ 从昆明长水国际机场驾车，经机场高速、京昆高速至攀枝花市仁和区，全程 302 千米，耗时约 3 小时

🛒 15181288666（纳世春）

福返贵妃芒果 | 熊猫一星精选（Selected）

采收时间：1 月 ~ 6 月

好芒本应树上熟，美味传承幸福路
单位名称：三亚君福来实业有限公司

📍 海南省三亚市崖州区双联农场

➤ 从三亚市出发，途经三亚河东路、海南环线高速，全程共计 65 千米，耗时约 1 小时 29 分钟

🛒 13307658258（彭时顿）

兴缘金柚 | 熊猫一星精选（Selected）

采收时间：6 月 ~ 12 月

"农二代"勇创新，传统产区焕发新活力
单位名称：梅州市兴缘农业发展有限公司

📍 广东省梅州市梅县区石扇镇建新村

➤ 从梅州市出发，途经月梅路、X019，全程共计 18.1 千米，耗时约 37 分钟

🛒 18128158949（罗建福）

沙瓜先生蜜瓜 | 熊猫一星精选（Selected）

采收时间：7 月

黄沙里种出甜蜜，沙漠绿洲守望者
单位名称：民勤县国栋生态沙产业合作社

📍 甘肃省民勤县东河乡国栋村四社 25 号

➤ 从兰州中川国际机场出发，途经连霍高速、民武路，全程 331.8 千米，耗时 4 小时 45 分钟

🛒 真的有料 | 18909353390（马俊河）

安岳柠檬 | 熊猫一星精选（Selected）

采收时间：8 月 ~ 12 月

中国柠檬看四川，四川柠檬看安岳
单位名称：新珺林柠檬专业合作社

- 📍 四川省资阳市安岳县周礼镇东林村
- ➤ 从成都驾车出发，经由老成渝高速、渝蓉高速至安岳县周礼镇东林村，全程 190 千米，耗时约 3 小时
- 🛒 13882947978（康孝志）

亿林有机枸杞 | 熊猫一星精选（Selected）

采收时间：7 月 ~ 11 月

全国少有的完全无农残有机种植枸杞
单位名称：格尔木亿林枸杞科技开发有限公司

- 📍 青海省格尔木市大格勒乡
- ➤ 从格尔木机场出发，途经茫格公路、柳格高速、京藏高速，全程约 76.6 千米，耗时约 51 分钟
- 🛒 天猫 elea 亿林旗舰店 | 18997031813（唐兴海）

通海金菠萝 | 熊猫一星精选（Selected）

采收时间：1 月 ~ 4 月、12 月

不用切沟除眼，不用浸泡盐水，可以去皮直接吃的"金"菠萝
单位名称：乐东通海高效农业开发有限公司

- 📍 海南省乐东黎族自治县抱峒村
- ➤ 从三亚市区出发，途经海榆西线、海南环岛高速，全程约 97.9 千米，耗时约 1 小时 24 分钟
- 🛒 15289929700（吴迪）

百合宝宝甜百合 | 熊猫一星精选（Selected）

采收时间：3 月、10 月

IT 精英回乡创业，有机种植甜百合
单位名称：会宁县高原夏菜种植农民专业合作社

- 📍 甘肃省会宁县刘家寨子镇元堆村
- ➤ 从兰州中川机场出发，途经京藏高速、S308，全程 253.2 千米，耗时 4 小时 17 分钟
- 🛒 有好东西 | 春播 | 虫妈邻里团 | 13993168680（任笃之）

曙光萝卜 | 熊猫一星精选（Selected）

采收时间：1 月、2 月、11 月、12 月

列入"非物质文化遗产"的天津沙窝萝卜
单位名称：天津曙光沙窝萝卜专业合作社

- 📍 天津市西青区辛口镇小沙窝村
- ➤ 从北京市出发，途经京津高速、京沪高速，全程约 131.9 千米，耗时约 1 小时 45 分钟
- 🛒 天猫沙窝曙光旗舰店 | 京东曙光沙窝生鲜专营店 | 13802063633（张永臣）

鑫振丰章丘大葱 | 熊猫一星精选（Selected）

采收时间：10 月 ~ 11 月

"葱中之王"，名列"中国重要农业文化遗产"
单位名称：济南振丰农业开发有限公司

📍 山东省章丘区绣惠镇西北隅村南

🧭 从济南出发，途经经十路、青银高速，全程约 70 千米，耗时约 1 小时 45 分钟

🛒 18560068560（李莎莎）

西马沟芹菜 | 熊猫一星精选（Selected）

采收时间：1 月 ~ 4 月、10 月 ~ 12 月

掉在地上会像玻璃一样碎开，并弯曲成马蹄的形状，又名"玻璃脆""马蹄芹"
单位名称：青岛福臣富硒蔬菜种植专业合作社

📍 山东省平度市西马家沟村

🧭 从青岛市出发，途经青银高速、青新高速至平度市，全程 105.6 千米，耗时约 1 小时 40 分钟

🛒 烟台家家悦超市 | 13854262455（马福臣）

艾玛土豆 | 熊猫一星精选（Selected）

采收时间：9 月 ~ 10 月

中国海拔最高的土豆，"世界屋脊"上的绿色食品
单位名称：南木林艾玛农机专业合作社

📍 西藏日喀则市南木林县艾玛乡夏嘎村

🧭 从日喀则市区出发，途经沪聂线、S203，全程约 36.8 千米，耗时约 47 分钟

🛒 18143878833（村委会）

围场马铃薯 | 熊猫一星精选（Selected）

采收时间：8 月

产自中国马铃薯之乡，以纯天然、无污染闻名国内外
单位名称：围场满族蒙古族自治县农瑞通农业发展有限公司

📍 河北省承德市围场满族蒙古族自治县御道口火石梁

🧭 从北京市出发，途经大广高速、京环线，全程 369.9 千米，耗时约 5 小时 37 分钟

🛒 13831486669（汪桢茹）

张老黑黑土豆 | 熊猫一星精选（Selected）

采收时间：9 月

原始森林旁长出的"黑金疙瘩"
单位名称：大通恒顺精薯种植专业合作社

📍 青海省西宁市大通县多林镇上宽村 202 号

📍 从西宁市出发，途经宁大高速、227 国道、城西公路，全程共计 71.7 千米，耗时约 1 小时 21 分钟

🛒 18993195699（任青福）

富达杨桃 | 熊猫一星精选（Selected）　　　　　　采收时间：1 月 ~ 5 月、8 月 ~ 12 月

初恋的味道

单位名称：云霄县富达农民专业合作社

📍 福建省漳州市云霄县下河乡下河村富达杨桃园

🧭 从漳州市出发，途经 324 国道、534 县道，全程共计 100.3 千米，耗时约 2 小时

🛒 15059205214（蔡银水）

圣泽紫薯 | 熊猫一星精选（Selected）　　　　　　采收时间：8 月 ~ 9 月

"80 后"村支书利用"互联网 +"，带领全村实现脱贫致富

单位名称：泗水为民紫薯种植合作社

📍 山东省济宁市泗水县圣水峪镇八士庄村

🧭 由济宁市出发，途经连荷线、日兰高速至济宁市泗水县，全程共计 72.4 千米，耗时约 1.5 小时

🛒 13666377899（宋宝）

菱湖尚品洪山菜薹 | 熊猫一星精选（Selected）　　　　采收时间：1 月、2 月、11 月、12 月

湖北千年名菜，一根菜薹一丝乡愁

单位名称：湖北菱湖尚品洪山菜苔农业发展有限公司

📍 湖北省武汉市蔡甸区永安街道高新村

🧭 从武汉市出发，途经二环线、东风大道高架桥、G50 沪渝高速，全程共计 50.8 千米，耗时约 1 小时 12 分钟

🛒 宝通寺内菱湖尚品洪山菜苔 | 13971117451（刘丽）

景蔚五谷香小米 | 熊猫一星精选（Selected）　　　　采收时间：9 月

把中国四大贡米之一的蔚州小米卖到欧洲，小米"加工大王"让小米走出国门

单位名称：蔚县景蔚五谷香米业有限公司

📍 河北省张家口市蔚县吉家庄镇四村

🧭 从张家口市出发，途经张石高速、京拉线，全程约 127 千米，耗时约 1 小时 50 分钟

🛒 永辉超市 | 超市发 | 13463303960（乔景斌）

红谷源伊川小米 | 熊猫一星精选（Selected）　　　　采收时间：8 月 ~ 9 月

土地肥沃不轮作，早熟小米新鲜软糯

单位名称：伊川县红谷源种植农民专业合作社

📍 河南省洛阳市伊川县吕店镇王村

🧭 从洛阳市出发，途经开元大道、G55 二广高速、323 省道，全程共计 50 千米，耗时约 1 小时

🛒 淘宝伊川春谷小米店 | 13693790216（远少坤）

绿康汾阳小米 | 熊猫一星精选（Selected）　　　　　　　　　　　采收时间：10 月

传统种植技艺获评非遗保护项目
单位名称：汾阳市绿康小米专业合作社

📍 山西省吕梁市汾阳市峪道河镇坡头村

🧭 从太原市出发，途经滨河西路、G20 青银高速、452 县道，全程共计 120 千米，耗时约 2 小时

🛒 13593420259（王建湖）

黄土乡阳曲小米 | 熊猫一星精选（Selected）　　　　　　　　　采收时间：10 月

科技与人工相结合，规模种植先进管理
单位名称：太原阳曲县振华养殖专业合作社

📍 山西省太原市阳曲县高村乡北社村

🧭 从太原市出发，途经建设路、卧虎山路、阳兴大道、G108 国道，全程共计 50 千米，耗时约 1 小时

🛒 13393402348（张宝龙）

马坡金谷 | 熊猫一星精选（Selected）　　　　　　　　　　　采收时间：9 月

中国金谷之乡核心地块
单位名称：金乡县马坡金谷种植专业合作社

📍 山东省济宁市金乡县马庙镇大程楼村

🧭 从济宁市出发，途经二环、机场路、252 省道，全程共计 79.6 千米，耗时约 1 小时 53 分钟

🛒 京东山东老字号旗舰店 | 13792322677（程新元）

惠隆敖汉小米 | 熊猫一星精选（Selected）　　　　　　　　采收时间：10 月 ~ 11 月

8000 年的历史，敖汉旗的名片
单位名称：敖汉旗惠隆杂粮种植农民专业合作社

📍 内蒙古自治区赤峰市敖汉旗新惠镇扎赛营子村

🧭 从赤峰市出发，途经 G45 大广高速、111 国道、210 省道，全程共计 128.6 千米，耗时约 1 小时 40 分钟

🛒 天猫敖汉小米官方旗舰店 | 18648292017（王增羽）

江尧释迦果 | 熊猫一星精选（Selected）　　　　　　　　采收时间：1 月 ~ 4 月、12 月

机缘美味，"食"在珍贵
单位名称：海南江尧农业开发有限公司

📍 海南省乐东市三豪镇芝麻路 3 号

🧭 从三亚市出发，途经海南环线高速、海榆（西）线，全程共计 176.5 千米，耗时约 2 小时 20 分钟

🛒 微信小程序"买释迦" | 13807541588（梁伟江）

闽红元金柑 | 熊猫一星精选（Selected）

采收时间：1 月 ~ 3 月、12 月

果实金黄招财意，肉嫩多汁沁心脾

单位名称：尤溪县腾龙金柑专业合作社

📍 福建省三明市尤溪县管前镇广益街 155 号

➤ 从三明市出发，途经列东隧道、S304，全程共计 70.4 千米，耗时约 1 小时 25 分钟

🛒 微信小程序"尤溪腾龙金柑" | 13859151576（郑登海）

三亚南鹿莲雾 | 熊猫一星精选（Selected）

采收时间：1 月 ~ 6 月、12 月

海风识得莲雾香

单位名称：三亚南鹿实业股份有限公司

📍 海南省三亚市崖州区长山村莲雾小镇

➤ 从三亚市出发，途经海南环线高速、海榆（西）线，全程共计 45 千米，耗时约 43 分钟

🛒 微信公众号"三亚莲雾" | 18689548215（王作龙）

攀稀果果米易枇杷 | 熊猫一星精选（Selected）

采收时间：1 月 ~ 2 月、12 月

大学生回乡创业，为阳光下的枇杷代言

单位名称：米易鑫瑞丰农业有限公司

📍 四川省攀枝花市米易县草场乡顶针村

➤ 从攀枝花市出发，途经金沙江大道东段、G5 京昆高速，全程共计 87.5 千米，耗时约 1 小时 48 分钟

🛒 微店"攀稀果果" | 13982357277（李雅茜）

红盛靖边荞麦 | 熊猫一星精选（Selected）

采收时间：9 月 ~ 10 月

高海拔封闭区域种植，好品种稳定有保障

单位名称：靖边县乔沟湾乡红盛小杂粮专业合作社

📍 陕西省榆林市靖边县天赐湾镇许台村

➤ 从榆林市出发，途经迎宾大道、G65 包茂高速、307 国道，全程共计 156.3 千米，耗时约 2 小时 9 分钟

🛒 15991237744（蔡文秉）

鲁加蜜哈密瓜 | 熊猫一星精选（Selected）

采收时间：1 月 ~ 4 月、11 月 ~ 12 月

瓜熟蒂落，蜜透心窝

单位名称：海南春暖花开生态农业有限公司

📍 海南省乐东县佛罗镇青山村

➤ 从三亚市出发，途经海南环线高速，全程共计 98.3 千米，耗时约 1 小时 17 分钟

🛒 海南省海口市椰海综合市场水果区 C3-C4 | 太好啦 tai.cn | 雅诺达天猫店 | 鲁加蜜京东店 | 13822228758（孟永红）

三力源月露香瓜 | 熊猫一星精选（Selected）

采收时间：1 月 ~ 4 月、12 月

匠心创新，月露飘香

单位名称：三亚三力源生态农业有限公司

📍 海南省三亚市天涯区凤凰镇槟榔河设施农业基地三力源公司

🧭 从三亚市出发，途经三亚河东路、凤凰路，全程共计 9.1 千米，耗时约 22 分钟

🛒 13807565440（杜艳芳）

阴山优麦 | 熊猫一星精选（Selected）

采收时间：9 月

大草原上的现代化农业，引入燕麦食用新理念

单位名称：内蒙古阴山优麦食品有限公司

📍 内蒙古自治区乌兰察布市卓资县大榆树乡阳坡子村

🧭 从呼和浩特市出发，途经 G6 京藏高速、560 县道，全程共计 102.1 千米，耗时约 1 小时 27 分钟

🛒 阴山优麦天猫旗舰店 | 阴山优麦京东自营旗舰店 | 13847439905（王尚昆）

熊猫月历

	1月	2月	3月	4月	5月	6月	7月	8月	9月	10月	11月	12月
百合			●							●		
菠萝	●	●	●	●								●
大葱										●	●	
大米							●	●	●	●	●	
番荔枝	●	●	●	●								●
甘薯								●	●			
柑橘	●	●	●	●	●				●		●	●
枸杞							●	●	●	●	●	
火龙果	●	●	●	●	●	●	●	●	●	●	●	●
金柑	●	●	●									●
梨						●	●	●	●	●		
荔枝					●	●	●	●				
莲雾	●	●	●	●	●				●			●
萝卜	●	●									●	●
马铃薯								●	●			
芒果	●	●	●	●	●	●		●	●			
猕猴桃							●	●	●		●	●
甜橙	●										●	●

	1月	2月	3月	4月	5月	6月	7月	8月	9月	10月	11月	12月
柠檬								●	●	●	●	●
枇杷	●	●										●
苹果							●	●	●	●	●	●
葡萄							●	●	●			
荞麦									●	●		
芹菜	●	●	●	●						●	●	●
石榴								●	●	●	●	●
桃						●	●	●	●	●	●	●
甜瓜	●	●	●	●			●				●	●
小米								●	●	●	●	
燕麦									●			
杨梅					●	●	●					
杨桃	●	●	●	●	●			●	●	●	●	●
樱桃			●	●	●	●						
柚		●	●	●				●	●	●	●	●
枣									●	●		
紫菜苔	●	●									●	●

后记

2018 年，宁高宁先生写了一首充满家国情怀与人文情感的诗歌，
熊猫指南愿以此诗为灯火，继续沿着发现、证明与体验之路，走下去。

《我们创造》

宁高宁

我们敬仰宇宙的壮丽，

我们也探究原子的细微。

看这地球上，万物都有分类。

仰头问世界，我们是谁？

曙光初照是好奇，

春雨润物是智慧。

我们的使命是创造，

创造才是生命之最。

我们创造，我们创造，

从火焰到清水。

我们崇拜精神的高尚，

我们也欣赏物质的纯美。

看这地球上，万物都有分类。

仰头问世界，我们是谁？

江河奔流是通达，

白雪落地是纯粹。

我们的使命是创造，

创造才是生命之最。

我们创造，我们创造，

从灵魂到骨髓。

我们沉思远山的静谧，

我们也向往雄鹰的高飞。

看这地球上，万物都有分类。

仰头问世界，我们是谁？

禾苗破土是继往，

蜜蜂辛劳是高贵，

我们的使命是创造,

创造才是生命之最。

我们创造,我们创造,

从高楼到麦穗。

我们留下瞬间的影子,

我们也追逐长远的光辉。

看这地球上,万物都有分类。

仰头问世界,我们是谁?

众树成林是责任,

秋风果熟是丰碑,

我们的使命是创造,

创造才是生命之最。

我们创造,我们创造,

从古老到新锐。

严格、客观、科学地甄选出天赐良物，不负上天美意，是我们对您的承诺。

我们是优选，不同的是我们秉承良心地优选。

我们是科学，并用科学消除大众对科学的误读。

我们不定义标准，但是我们依据严苛的标准工作。

我们关注民食，也提供精神补给。

我们和熊猫无关，却用熊猫为名做最精粹的阐释。

我们坚持公益，也将用合理运作带来的经济利益以维持公益。

我们的初心不为利益而做，但最终将利益所有人，包括我们自己。

CHINA
PANDA GUIDE
2019

后记

"熊猫指南"由特大型中央企业——中化集团打造。针对农业的精准地块评价体系，"熊猫指南"为读者推出了优质农产品榜单，该榜单为国内首创，是中国优质农产品的风向标。

熊猫指南调查团队的足迹从东南沿海的热带岛屿到西北戈壁的沙漠绿洲，从西南边陲的遮放镇到位于东北的建三江，丈量的行程达到85万公里，调查的范围覆盖粮食、果品和蔬菜三大类，用双脚丈量着中国农业。

通过完整种植季的产前、产中和产后调查，结合国内外多家顶尖实验室平行检测和卫星扫图，熊猫指南创建了独有的农产品评价模型和标准体系，为优质农产品提供三星评级，同时公布品种信息、种植者信息和种植农场信息。整个评价过程不收费，以便确保评价的"独立、科学和公正"。